ちくま新書

日本の人類学

山極寿一
Yamagiwa Juichi
尾本恵市
Omoto Keiichi

1291

日本の人類学【目次】

まえがき

山極寿一

今、新しい人類学が求められている。本書で尾本先生の言われるように、自然人類学と文化人類学を再び統合して人間の来し方行く末を論じることが切望されている。そう感じるのは私だけではあるまい。それは、人間の定義が大きく揺らいでいるからである。

現代の情報通信技術は、世界のどこに住んでいる人々とも瞬時に交信することを可能にした。しかも、相手を特定せずにいくらでも情報を流すことができる。インターネットを使えば、世界のどんな出来事でもどんな製品でも知ることができるし、何でも自分がほしいものを注文することができる。つい最近まで人に頼んでいたことが、ほとんどすべて情報機器によって済ますことができる。人工知能（ＡＩ）の登場で、人間は考えることや予想することまで機械に任せるようになってきつつある。さらに遺伝子組み換え技術や遺伝子編集技術の進歩で、身体を内部から人為的に変えられるようになってきた。親からもらった遺伝子だけでなく、遺伝子をデザインして子どもを作ることも可能になりつつある。いったい人間の身体や心はどこへ行ってしまうのか。人間が作ると思っていた社会や文化はどうなるのか。そういった疑問が突きつけられているのである。

かつて人間は自然界で特別な地位を与えられていた(そう思い込んでいた)。それが一九世紀に登場したチャールズ・ダーウィンの進化論によって大きく変更されることになった。人間は動物と連続した特徴を持ち、決して自然界で例外的な存在ではないということがわかったからである。しかし、当時の人類学者たちが進化論を安易に取り入れて人間や社会を論じたために、人種論や優生思想がはびこり、先進国による植民地支配や人種差別が正当視される事態を引き起こした。それが強く批判されて、二〇世紀の前半は人間の文化や社会の研究には進化論を適用しない、自然科学は人間以外の動物について研究する、という合意が作られた。こと人間に関する学問は文理がはっきり二分するような常識が生まれたのである。

東京大学には創設間もない一九世紀の終わりに、理学部の前身である理科大学に人類学教室が作られ、人間の学としてさまざまな学問が合流した。京都大学はずっと遅れたが、二〇世紀半ばにやはり理学部に自然人類学教室が作られた。そこには人間の身体と社会を研究するだけでなく、人間に系統的に近いサルや類人猿の社会を調べる霊長類学というユニークな学問領域が含まれていた。理学部に人類学があるのは東大と京大だけであり、二つとも自然科学だけではなく、文化人類学にも手を伸ばしている。日本人類学会と日本民族学会（現在の日本文化人類学会）が一九九六年まで合同で大会を開いていたのもこの二つの人類学教室の性格が大きく影響をしたからだと思う。

しかし、ここ二〇年あまり、自然人類学と文化人類学は大きく袂《たもと》を分かってしまった。自然人類学は形態学と遺伝学に特化し、その中に含まれる霊長類学は動物学としての性格を強めた。文化人類学は文化相対主義の立場から文化の普遍性よりも地域性を重視して、地域研究へと傾斜していった。その結果、二つの人類学は対話する機会を失い、学会員もあまり重複することなく、独自のテーマで別々の道を歩んでいる。

幸いなことに、一〇年ほど前に、日本人類学会、日本文化人類学会、霊長類学会、日本生理人類学会、日本民俗学会が合同でシンポジウムを開催することになり、毎年統一テーマを決めて持ち回りでどこかの大会に合わせて実施している。また、四年おきに開かれる国際人類・民族学会は自然人類学者や文化人類学者が参加する学術大会であり続けている。こういった試みがもっと普及してくれればいいと願っているが、学問が細分化され、それぞれの学問分野で小さな学会が林立している現状では、広い範囲に関心を向ける人類学者といえどもなかなか同じ土俵に立つのは難しく、似たようなテーマを別々のコミュニティで違った手法によって論じているというのが現状である。

これでは、現代の人間が直面している課題に人類学は応えられない。尾本先生と私はそういった危機感を共通に募らせたのである。尾本先生は人類学の世界に遺伝学の手法で入ってこられ、そこからアジアの先住少数民族の抱える問題に気づいた。私は霊長類学の手法で人類学に分け入り、類人猿との比較から人間の繁殖や成長の特徴に共感社会の由来が隠されていることを知り、現代の社会がはらむ問題に気づいた。そこで、まず東大と京大の人類学の歴史的特徴から、互いが現在の問題に行き着いた経緯について話し、そこからどういった解決法があるかを探ってみることにした。

尾本先生と私の共通点は、学問だけでなく、調査の対象にこだわり続けるという姿勢である。尾本先生はフィリピンの先住民族であるネグリト、私はゴリラにこだわり、それぞれの対象が抱える問題に学問以外の興味も向けてきた。尾本先生は狩猟採集民であるネグリトがその文化を理解されないままに不自由な生活を強いられていること、私はゴリラが絶滅の危機にあり、生息地の住民と共存上の大きな問題を抱えていることに強い関心を向け、問題解決に向けて現地で活動するとともに、国際的にも問題を提起してきた。そこで二人とも人類学の政治的な力の弱さや自分がカバーできない学問の必要性を痛感することになった。人類学が総合的な学問であり、虐げられている人々や社会の危機について提言しなければならないと思うのは、そうした二人の経験からである。

当初の予想に反して話題は多岐にわたり、身体の歴史から文化、文明、宗教の成り立ちや経済、科学技術、大学のあり方などに及んだ。はからずも現代文明の歴史を霊長類の登場まで遡り、現代社会がはらむ問題にまで至ったように思う。人類学のすそ野の広さを実感し、人類学が現代に生かされる必要性を痛感した次第である。これからは、学術がすべての世代で共有される時代である。ぜひわれわれの放談を楽しみ、人間を、社会を見る目を新たにしていただきたいと思う。本書を読み、人類学に少しでも関心を寄せる方が増え、人類学を志す若者が出てくれれば幸いである。

第一章

人類学の現在

かつての京都大学人類学教室（写真：山極寿一）

1　総合人類学がなぜ必要か

†いまなぜ人類学か

尾本　山極先生、超ご多忙中、私との対談を引き受けてくださり、ありがとうございます。

早速ですが、人類学（アンソロポロジー）という学問は内容が豊富で謎が多く、子どもにも面白く、現代文明を考えるヒントにもなります。国際的には重要な科学と見なされていますが、日本ではどういうわけか、そういう認識が薄い。

今では、人類学が文化人類学と自然人類学の二つに分かれてしまって、文化人類学のほうがポピュラーになっている。しかし、私は、日本の人類学は坪井正五郎《しょうごろう》が一八八四（明治一七）年に始めた、自然と文化を含める総合人類学的な考えこそが原点であると思っています。この対談でも、この歴史を踏まえて、新しい人類学はどうあるべきかを考えたいものです。

私は長年、東京大学理学部で人類学の研究・教育をしてきました。そして山極さんは、京都大学で人類学（霊長類学を含む）の研究をされています。東大の人類学と京大の人類学は、日本の人類学を作ったと言っても過言ではないと思いますが、学問上ある程度棲み分けができていて、競合しているという感じではない。ですから、人類学の総合化のために協力するのには具合がいいでしょう。

京大は霊長類学で世界的な業績をあげている。一方で東大の人類学では、あとで述べる長谷部人類学が基礎にあり、また我々が長谷部言人《ことんど》先生の大反対を押し切って遺伝学を取り入れた。今、DNAやゲノムを扱う分子人類学では、たとえば斎藤成也《なるや》さんや徳永勝士《かつし》さんたちが国際的にも大活躍している。東大と京大が音頭をとって、今後、日本発の新しい人類学をつくることも不可能ではないと思うのです。

山極　理学部に生物人類学、形質人類学、自然人類学を置いているのは東大・京大しかない。これらの学問は東大発なんですけど、その中に含まれる霊長類学は、世界でも京大発という珍しい歴史を持っています。文化人類学の場合、私立大学にもたくさん講座がありますよね。

尾本　なぜ、急に増えたのでしょうか。やはり経済と同じでアメリカの影響によるのでし

山極寿一氏（京都大学総長室にて）

ょうか？

山極　文化人類学というのは人間の文化の歴史ですから、教養としていろいろなところに応用可能だったと思うんです。一方で生物学的な人体の歴史・成り立ちを研究する形質人類学は医学・生物学の両方に足を突っ込んでいる。西洋流に言うならば形質人類学というのは自然科学に属するため、なかなか教養にならなかった。

だけど今、自然科学に関心のある歴史学の学者がたくさん出てきていて、人間の本質を問うには文化だけでは足りなくなってきた。生物としての人間の歴史を考慮し、その成り立ちから考えていかなければ、人間の未来を考えられない。そのため最近では、人間の身

尾本恵市氏（同右）

体や心の由来に手を付け始めたわけです。そういうところから解きほぐさないと、人間の本質を解明できない。たとえばゲノム編集やアンドロイド、ロボットなどがそうですね。だから今まさに、人類学が人間にとって重要な学問として浮かび上がってきている。

尾本　まったくその通りです。総合的な視点が求められている。そのためにも私はあまり早い段階から理系・文系と分けるのはよくないと思います。実は、私は文学部と理学部の両方を出ていますので、文理両道と言っています。

†「文理融合」のオールラウンダー

山極　尾本先生は、長く東京大学理学部で遺伝人類学を第一線で研究なさってこられたわけですが、その成果を一般向けに伝えるものとして『ヒトと文明――狩猟採集民から現代を見る』（ちくま新書、二〇一六年）を刊行なさいました。これは面白い本ですね。とりわけ最初のほうに書かれている、ご自身の幼少の頃から東大の学生時代にかけてのご体験が、じつに面白い。いまおっしゃったように、なんとドイツ語で東大文学部を卒業されてから、東大理学部に入り直されたという。

尾本　そのことは、最近になってカミングアウトしました。私ももともと理系人間でしたが、事情があって文学部に行ったのです（第二章参照）。若い頃は隠していましたが、年を取ると正直になりましてね（笑）。

山極　尾本先生がすごいのは、その後も「文理融合」を実践なさっているところです。専門研究者になられてからもいろいろと研究分野を広げて、遺伝人類学を研究なさった傍らで、チョウの研究でも業績を残されてきた。オールラウンダーとしてご高齢の今も活躍なさっている。

尾本　学問には「狭く深く」と、「浅く広く」の二種類があります。物理学は前者、人類学は後者でしょう。それぞれの研究者の思考のあり方が違うのではないか。いろんなことに同時に興味を持つのが人類学者、ひとつの興味をずっと持ち続けていくのが物理学者。

一般に「浅く広く」は軽蔑され、「学問は狭く深くやらなければいけない」と言われますが、私は反発してきました。まず「浅く広く」テーマを探し、ついで特に重要と思う部分を深くやる。これはたぶん博物学の発想でしょう。

山極　人類学とちょっと似ているのが生態学で、これもまた多様性を良しとする学問です。人間は遺伝的には均質だと言われていますが、文化は反対でじつに多様ですからね。

尾本　いや、遺伝も文化も多様だと思いますよ。せっかく多様なのだから、浅く広く、何でも見なければ損です。「浅く広く」のメリットは大きい。たとえば、今は本があり過ぎて、忙しくて全部読めない。それでもタイトルと前書き、後書きぐらいをパラパラと見るだけで直感的にポイントはつかめる。こうして短時間に様々な分野の情報が集まる。狭く深く、一冊の本をじっくり読むのだと時間がいくらあっても足りない。浅くともよいから、まず幅広い知識を得るほうがよい。そして、気に入った本をじっくり読めばよい。

人類学者はよく物理学の先生から軽蔑されますが、我々に言わせれば物理学の先生は世の中、とくに人間のことをろくに知らない。彼らは物理のことしか知らないのですよ。

山極　特に人類学は歴史を扱いますからね。長いタイムスケールの問題と空間的な広がりの問題の両方を扱わなければいけないので、相当視野を広げる必要があります。

†人類学者の京大総長という衝撃

尾本　私は、二〇一四年に山極さんがなんと京大総長になられたと聞いて、衝撃を受けました。東大ではいま言った通り、人類学者が物理学者から馬鹿にされるだけでなく、そもそも自然科学としての人類学がほとんど認められていない。まあ、東大は役人や政治家、会社の社長などを育てるところで、自然科学をやるならノーベル賞をとらねばならない。それに対して、京大では人類学者・霊長類学者の山極さんがなんと総長でしょう。好きなことを勉強して、高く評価されるのはうらやましい。

山極　そうは言っても、京大では最近、数学が強いですし、ぼくの所属する理学部は、依然として物理帝国主義ですよ。

人類学の講座ができたのも後になってからでした。京大にはもともと社会学はありましたけど、米山俊直先生が人類学の講座に就かれるまでは文化人類学がなかった。しかも米山先生は、文学部ではなく教養部に人類学をつくられた。今は文学部・社会学教室で、人類学をやっている方が教授になってます。あと、総合人間学部、アジア・アフリカ地域研究研究究科、人文科学研究所や東南アジア地域研究研究所などたくさんの部局に文化人類学者がいらっしゃいます。

尾本　あとで詳しくお話しするように、京大にはこれまで名だたる人類学者・生態学者が多数おられたのですが、私も親しくさせていただいた方が少なくありません。今西錦司《きんじ》先生はいわずと知れた日本の霊長類研究の創始者で、梅棹忠夫《うめさお》先生は文化生態学のパイオニアですが、このお二人と私のつながりは、実はチョウなのです。

私は昆虫少年から人類学者になったのですが、今西先生にはチョウの関係でお会いしました。また梅棹先生が今西先生と一緒に中国北東部の興安嶺《こうあんれい》へ調査に行った時にチョウを採った。東京の科学博物館にそのチョウの標本がありますが、私はそれらの種類を同定したのです。「ミヤマモンキチョウ、興安嶺初記録」と私が書いたら、梅棹先生はえらく喜ばれた。

それから分子生物学者の柴谷篤弘《しばたにあつひろ》さんとも親しかった。日本の分子生物学を立ち上げた方ですが、私にとって彼はチョウの研究者です。たまたま一九七〇年にオーストラリアでお会いして、一緒にチョウを採りました。柴谷さんとはチョウ、グルメ、音楽という三点で趣味が一致していた。

ただ私は、柴谷さんが提唱された「反科学論」は苦手だったから、二〇一一年に亡くなられるまで、もっぱらチョウの話ばかりでした。それから伊谷《いたに》純一郎先生は今西先生の後を継がれた偉大な霊長類学者でしたが、彼がアフリカで採られたチョウをいただいたことがあります。みなさん、京都の学者にはナチュラル・ヒストリー（博物学）の土台がある。京都自体、世界的観光地でありながら、自然がすごく残っていますよね。

山極　たしかに自然が近い。ぼくも東京生まれで、大学進学の時に京都に出てきたんですけど、京都と東京では自然のあり方がずいぶん違います。京都の場合、やっぱり琵琶湖があるのが大きい。琵琶湖があるから森全体がすごく湿っていて、山菜もキノコもけっこうある。たとえば関ヶ原というのは雪がすごいでしょう。あれは琵琶湖から上がる湿った空気が上空で冷え、雪を降らせるからです。しかも京都では湖北の山と北山がつながっている。あのあたりは寒くて、すごく雪が降るんですよ。東京では十数キロ歩くと気候がガラッと変わるということはないんですが、京都では、南と北で全然気候が違います。生物多様性の高い里山が京都市街の三方を囲んでいて、その奥に深い森が広がっています。市の中央にも京都御苑や下鴨神社の糺《ただす》の森があって、さまざまな昆虫や鳥が見られます。学生の頃はよく北山で渓流釣りに熱中しましたし、教員になってからも毎年春と秋に山菜やキノコを採りに北山を歩きます。

尾本　東京あたりでは夢の存在のキマダラルリツバメというきれいなシジミチョウが、京都では市内の街中にいます。このチョウは、桜の古木の幹に卵を産みつける。卵から孵化《ふか》した幼虫はハリブトシリアゲアリの巣に入り、幼虫での越冬を経て蛹化《ようか》までアリに育ててもらう。蛹《さなぎ》は巣の中やその近辺の樹皮の裏側などにつくられる。だから成虫がお寺などの桜の古木の幹に止まっていたりするのが見つかります。

もう少し山手にいけばギフチョウもいます。だから東京とは比較にならないほど、自然が豊かです。しかももちろん伝統文化では京都は日本の宝です。人間にとって基本的に重要な自然と文化が京都にはあり、東京にはあまりない。

2　ヒト・文明・文化

†ヒトと人類の違い

尾本　いきなり話が広がってしまいましたが、お互いの紹介が終わったところで、次にヒトとは何か、文化と文明とは何かを解説しつつ、基本的な人類学の考え方について話し合いたいと思います。

拙著『ヒトと文明』でも言及しましたが、プラトンの言明があります。「世の中には自然、偶然、人為の三者があるが、最も重いのは自然と偶然で、人間がつくったもの（人為）は軽い。」私は今までアリストテレスは少しばかり知っていたのですが、プラトンのことはあまり知らなかったのです。しかし最近になって、はっと気が付いた。まず自然を理解し、それから文化・文明に行くという順序が大事ではないか。逆に、文化から自然へという道は難しいですね。現代文明の危機的状況を考えるとき、「コギト・エルゴ・スム（我思う、ゆえに我あり）」の罪は重いと言わざるを得ない。デカルトのこの命題は、人間は理性による論理的な思考によって、自然の法則を決めることができるという意味ですから。

山極　たしかにそうですね。進化というのもあくまで自然なもので、目的的ではない。ここでは偶然というものがすごく作用している。人間は言葉の獲得により、文化の力を持ち始めた。言葉のロジックをもとにして自然を読み替え、ひとつの目的を持ったものとしてこれを解釈しようとした。そこでは宗教の世界観が最も大きな背景になっている。言葉によるロゴスと宗教観の影響のもとで、人間というのはずいぶん変わった存在になってきた。

そのあたりをどう問い直すかが重要です。

　人間はどのあたりから他の動物とは違う存在になり始めたのか。一般の常識だと言葉を獲得したあたりが起源になるんですが、ぼくは、人間が人間たりえたのはそれよりずっと前だと思ってるんです。動物は基本的に環境に身体を適応させますから、環境の境界がその動物種の境界になるんですが、人間はその境界を越え始めた。アウストラロピテクスの頃、最初の人たちが熱帯雨林から草原へと出ていった。その時、類人猿にはない何かを踏み越えたわけです。ですから本当は、そこから始まるストーリーがあるのではないか。

　その後、植物食という霊長類の特性から外れて肉を食べるようになった。これにより、環境の抑制をある程度取り払うことができた。動かない植物を食べていれば、その植物がある場所から離れることはできませんが、動物を食物にすればどこにでも行ける。さらにはコストの高い臓器であった脳を、高栄養の肉から得た余分なエネルギーを使って大きくする道を歩み始めた。これは約二〇〇万年前で、その後にもうひとつ大きなエポックメーキング（境界越え）があったと思うんです。

尾本　人類に関してはおっしゃる通りだと思います。ただ、私が『ヒトと文明』でもわざわざカタカナで「ヒト」と書いているのは、現生人類（ホモ・サピエンス）のことを特別視し、あえて人類とは区別しているからです。今日、人類学者でもヒトと人類を混同していることが多い。ダーウィンが言った「サルからヒトへ」は「人類」の進化についての重要なポイントですが、人類のなかでヒトという種の進化には特別の側面がある。文化や文明という、遺伝子によらない進化や変化の問題です。従来、自然人類学では文化や文明のことは社会・文化科学に任せておこうという傾向が強かった。私はそれでは駄目だと思っています。

ヒトはせいぜい二〇万年ほどの歴史しかない新しい種です。そして六〜七万年前ぐらいから、文化面で革新的な出来事が一挙に出てくる。ヒトの「モダン」な特徴ですね。言語は別にして、アクセサリーや記号、絵画、芸術がヒトの大きな特徴だと思います。

山極先生がおっしゃる人類には、ホモ類の全体が含まれる。つまりホミニド（hominid ヒト科の動物）やホミニン（hominin ヒト亜科の動物）のことですよね。

山極　ええ、そうです。

尾本　『ヒトと文明』では、もっぱらホモ・サピエンスに集中して述べました。そして、自然人類学者としては苦手な文化・文明に切り込んでみようとした。不十分であることはわかっています。文明論をやっておられる方がこれを読んで、首を傾げられるだろうな、と。でも科学史家で文明に関する著書の多い伊東俊太郎先生は「自然科学から出発して文明を論ずる人は少ない」と褒めてくださいました。

†文化と文明

山極　文明を論じるうえでも人間の感性、特に生物学的な五感をもとにした情緒的な側面はすごく大きいと思うんです。たとえば今の時代は論理よりも好き嫌いが重視され、感情が表に出る傾向がありますよね。ものを選ぶ時、それがいいか悪いかではなく好きか嫌いかで選ぶ。そういうネットワークがどんどん広がりつつあって、ビジネスもそういう感情を利用している。たとえば不安を煽ることが、ビジネスにおいては重要な戦略になっていて。

尾本　トランプ大統領なんかはまさにそうですね。

山極　不安というのはロジックから来るものだけではない。人間同士のつながりみたいなものが断ち切られることによっても、不安を感じる。これは文明というより、人間にとってもっと起源の古いものだと思います。今まさに、人間がかつて群れとして生活し始めた頃につくりあげたものが絶たれようとしているわけですが、その代替物がない。

AIがいくら進歩したとしても、おそらく解決できないであろうことが二つあります。まず、AIは人間関係をコントロールできない。そしてAIは、我々に死後の世界を与えてくれるわけではない。この二つは人間がホモになってから手に入れた、文明以前の感性に根差していると思うんです。今後、これらをどう考えていくかによって人間の幸福度が決まってくる。

尾本 その通りです。それは人類学の重要なテーマですが、あまり議論されていませんね。たとえば、一般社会でありふれた区別・偏見・差別という言葉があります。区別は科学のもとにもなる概念で、AとBが違うことを論理的に示す。偏見というのは、今おっしゃった「好き嫌い」の類で、差別は好き嫌いを公的・法的に発信・命令することと捉えています。差別は良くないが、偏見はどうか。男女や民族に関する偏見は良くない。しかし、好き嫌いは誰にでもあり、絶対になくならないでしょう。むしろ、偏見は人間の個性の重要な要素ともいえる。

一方、「区別がいけない」と言う人がいる。たとえば「男女の区別を一切するべきではない」、と。たしかに社会的性（ジェンダー）は区別せずにやっていけるが、生物学的性（セックス）を区別しないわけにはいかないでしょう。

山極　それはそうですよね。違うものを違うものとして認めないわけだから。

尾本　区別・偏見・差別について、倫理学などで統一的な考えがあるのかどうか知りません。勝手な定義を下しているわけです。さて、山極先生は霊長類学の第一人者だから「霊長類から人類へ」という変曲点を重視されている。

一方で私は、次のようなことを重視しています。ホモ・サピエンスの進化の中でなぜ農耕や都市化に基づく文明が発生したのか。私は「文化と文明を混同してはいけない」と書いていますが、案外、この両者を区別しない人が多い。もとはと言えば、最初に文化を定義したといわれるエドワード・タイラーも、「文化または文明は……」というあいまいな定義をしています（Tylor, 1871）。

†霊長類学からみた「文化」

山極　そこは我々がやっている霊長類学の核心に触れる部分なので、少し歴史を遡ってみたいと思います。一八八四（明治一七）年、一九世紀の終わりに東京大学で坪井正五郎先生が同志一〇人とともに「じんるいがくのとも」という団体を立ち上げた（後の東京人類学会）。人類学はまさに、人体が持っている不思議さを探検することから始まった。これはヨーロッパで人類学が確立されたのとほぼ軌を一にしていて、古い歴史を持つ。坪井先生は、東大理学部の前身である理科大学で日本初の人類学の教授になられました。そういう伝統がずっと続いていたわけですが、実は京都大学に人類学教室ができたのは一九六二（昭和三七）年で、新しいんです。

一方で今西錦司先生が霊長類研究グループをつくったのは一九四八（昭和二三）年で、戦後すぐです。初めは動物社会学として始められたんですが、そのうち社会について研究するにはサルを対象とするのが一番いいということで、サルの研究にシフトした。その時の最初のテーマが「文化と社会」なんですね。

それまで、文化と社会というのは人間にしか認められていなかった。言葉が人間の意識をつくり、人間の意識が文化と社会をつくった。だから言葉を持たない動物は文化も社会も持たない。それが西洋の常識だったわけです。今西さんは生涯にわたって、ダーウィンの進化論を大きな論敵・対象としました。ダーウィンは、次のようなことを言っています。人間は進化するものだが、生物学的な身体だけが環境とのインタラクション（相互作用）によって変わっていくのではない。個体同士のインタラクションに環境の影響が及ぶことにより、その個体同士の関係も変わっていく。より良い仲間との社会関係をつくった者が次世代を多く残すことになり、行動・関係がだんだん変わっていく。それを社会と呼ぶのであれば、社会は進化することになる。そこには言葉以前の社会があり、言葉は要らない。

これは今まさに尾本先生がおっしゃった文化の定義にかかわる問題なんですが、文化というのは共有されたひとつの計画性と考えていいと思うんです。文化というのは普通、目に見えない。目に見えるものは行為であったり、ものであったりするわけです。一方でものをつくらない動物にとっての文化とは、ある新しい行動様式が遺伝によらず、他の個体に伝播していくことです。これは人間の文化とは多少違うにしても、人間の文化と共通する性質を持っている。今西先生たちはそれをプロトカルチャー（proto-culture）、プリカルチャー（pre-culture）と呼んだわけです。

宮崎県の幸島《こうじま》で餌付けされたニホンザルの群れの中で、一頭の子ザルがサツマイモを海水で洗って食べたところ、やがて群れのサル全員がその行為を真似るようになった。川村俊蔵《しゅんぞう》先生や河合雅雄先生は一九五三（昭和二八）年にその現象を発見し、論文に書きました。京都大学の霊長類研究グループが最初にトライしたのは、人間以外の動物に文化と社会を認めることです。その証拠を見つけ、なおかつ進化のプロセスを明らかにすることを目指しました。

†文化としての直観力とメタファー

尾本　それは日本発の大きな業績ですよ。日本でも、特に京大が霊長類学をリードしてきたことは間違いない。文化にはいろいろな定義がありますけど、重要なのは「遺伝によらない」ということです。文化は遺伝ではなく、価値判断によってある集団に生ずる現象なのですが、皆さんあまり価値判断ということをおっしゃらない。

私は学生時代、大脳生理学の時実《ときざね》利彦先生の授業を受けました。先生は、「他の動物とは違って、人間の脳の前頭葉の部分は価値判断をする」とおっしゃっていました。今、時実先生の大脳生理学はもう古いと言われますが、私は研究技術の進歩だけを評価するのは間違いだと思います。重要なポイントはすでに先人たちが指摘している。昔は技術は高くありませんでしたが、学者の直観力は今よりはるかに優れていた。

おっしゃるように人類学は人体から始まったわけですが、坪井正五郎の原点には博物学があります。日本人は江戸時代から植物・動物の交配・育種を好んでやっていた。たとえば朝顔や金魚、オナガドリなどです。中国で草木《そうもく》の本が出ると早速輸入して、そのへんの草を調べた（本草学）。しかし中国の本には、役に立つ植物のことしか書かれていない。

ところが日本の本草学では雑草など、目的のわからない植物もすべて観察してスケッチし、イヌノフグリなどと面白い名前を付けた。日本には元来、そういう博物学の文化的素地があったので、坪井は人類学のほか考古学・民俗学など何にでも興味を示した。『うしのよだれ』という著書がありますが、「広く浅く」の典型で、だらだらと思いついたことが書かれている。「うしのよだれ」という表現ですが、昔の人は比喩もとても上手ですよ。

坪井正五郎（『人類学雑誌』28巻11号「追悼号」より）

比喩は、都市文明人より狩猟採集民のほうが上手いかもしれない。たとえば、生粋のアイヌ人でアイヌ文化研究者だった萱野《かやの》茂さんの比喩は素晴らしいですよ。彼は、任期が来て国会議員をやめる時、「狩猟民は、足元が暗くなる前に家に帰る」と言った。素晴らしい比喩ですね。周りが真っ暗になっても権力にしがみついている人に聞かせたい。

山極　足元が暗くなる前に故郷に帰るということは、自分のやっていることがみんなに称賛されているうちに身を引くということですね。

尾本　まあ、そういう意味もあるでしょうね。あと、萱野さんは次のようなことも言っています。「北海道で、我々アイヌは長い間、自然の利子で食べさせてもらっていた。ところが、あるとき和人がやってきて、元本を食い尽くしてしまった」。これもいい比喩でしょう。皆さん、こういう比喩は学問とは関係ないと思われるようですが、実はメタファーの持つ力は大きいと思います。読んでも意味がわからないような論文よりも、比喩の一言のほうがよほど核心を突くことがある。みんなが理解できて、「なるほど」と思うメタファーはすごく大事ですよ。また、脱線してしまいましたね（笑）。

第二章

東大人類学と京大霊長類学

長谷部言人（写真：東北大学史料館）

今西錦司（写真：共同通信社）

1　東大・京大、それぞれの出発

†多様性を重視する人類学

山極　坪井正五郎先生は博物学から人類学を始めた。これは重要なポイントだと思います。今西先生も梅棹先生も伊谷先生も、みんな博物学者なんですよね。今西先生は植物にも通じていて、伊谷さんは野鳥の愛好家でした。そして今西先生も梅棹先生も、昆虫採集が趣味だった。自然の多様性を十分に理解し、その魅力を知ったうえで人類学や霊長類学を発想された。ですからもともと知識の土台が広いんですね。皆さん、自然を構成するさまざまな生物が複雑に渡りあっているという現象をご存知のうえで人間というものを考えた。それが出発点かなと思いますね。

尾本　そのご意見には大賛成です。『ヒトと文明』にも書いた通り、私は一九五〇年代に東大教養学部の理Ⅱ（理科二類）に入りました。生物学や医学の志望者が集まるところですね。当時、ジェームズ・ワトソンとフランシス・クリックによってDNAの二重らせん構造が提唱され、大きな話題になっていた。まさに、生命の「本質」ないし「法則」が問われていた時代です。

ある時、授業で「生物の特徴は何か」について議論していた。その時私は「法則性もいいが、私が興味を持っているのは多様性だ。多様性こそ生物の一番の特徴ではないか」と発言しました。しかし、渡辺格《いたる》先生などの分子生物学者は、次のような意見でした。「多様性はあくまでも二次的なもので、本質ではない。博物館に陳列して見ていればいい」。渡辺さんは柴谷篤弘さんたちと一緒に日本の分子生物学を立ち上げた人ですが、「多様性やそれに基づく進化の研究などは、証明できないから科学ではない」とも言った。チョウの研究者でもある柴谷さんがなぜ渡辺さんに同調したのか、不思議なことです。

梅棹忠夫（写真：毎日新聞社）

このように、当時は分子生物学が最も重視されていて、多様性を重視する博物学や人類学の社会的地位は低かったのですが、私はそのことに反発して、多様性の研究こそ生物科学の王道だと思っていました。
　山極先生もおっしゃいましたが、人類学においては多様性・特異性・歴史性が大事です。山極先生も私も多様性に惹かれてこの分野に入ってきた。

山極　今でこそ多様性の機能・役割が見直されつつありますが、ぼくが学生の頃も、多様性ということはなかなか言えなかった。物理や化学もそうですけど、その頃の自然科学では多様な現象の中から法則を見つけようとしていた。つまり、自然現象の背後に潜む法則性を見つけることが自然科学の使命だったわけですが、生物が行うことは一〇〇パーセント信頼できる法則性で取り込めず、どうしても例外が出てくる。しかも時間的に繰り返し実験ができない、あるいは繰り返すことがない。これがまさに歴史なんですけど。生物が行うことにはそういう作用が働いているので、物理学者や化学者が言うように「ヒトが何度やっても同じことが起こる」という証明ができない。生態学も動物行動学もそうなんですが、これこそがまさに自然の本質で、我々人間が直面している現実でもある。
　たとえば我々は今、言葉で喋っていますが、ここで喋っていることは二度と同じようには繰り返されない。これは生物が行うインタラクションの本質なんですね。個体と個体が出会い、以前と似たようなことがあったとしても、それは一〇〇パーセント同じではない。

そこにはいくつかのすき間が生じ、そのすき間には様々な解釈が生じる余裕がある。生物は進化していく中で階段をつくる。フランスの生物学者、ジャック・モノーの『偶然と必然』（一九七二年）にそういう話が出てくる。生物学者はそこで、大きく息を継ぐことができた。それが生物学と人類学のあり方じゃないかと思います。

†霊長類学の出発

尾本　でも多様性は大事と言いながら、結局は法則性を見つけることが目的になっている。これは物理学の発想ではないか。分子生物学はいわば物理学によって生物を理解しようとしたわけですが、これは多様性をいかにして理解するかということとは方向性が全く違う。

山極　それに関しては、いまだに論争がありますね。物理学の法則で生物学現象を理解することができるのか。ある人は理解できると言うし、ある人は理解できないと言う。生物学者には後者が多いのですけど。

尾本　これはまだわからないと思いますよ。生物は何十億年もかけて進化してきた驚くべき複雑な産物です。ひとつの法則にまとめることなどできるはずがない。自然界を法則性で理解することにはトライする価値があるけれども、自然をありのままで論理的に理解し、みんなでその知識を共有する。社会的な運動として、そういう学問があってもよい。こちらが、博物学的発想でしょう。そして、人類学はあきらかにこちらのほうになる。

山極　そうですね。実は、生物学者は人文社会学者と相性が良かった。もちろん人間と動物をはっきり切り分けるという点では相性が良くなかったんですが、多様性という点ではオーバーラップできた。人文学・社会学はもともと多様性を相手にしてきた。個々の文化はそれぞれ歴史を持っていて、決して同じ法則には収斂できない——そういう考えから文化相対主義も起こってきたわけです。人間は同じ行動ができないから、その中にある程度ルールや規則を見出す。それが秩序というものをつくるわけです。生物学でも個体を扱う以上、まさにそういう問題がある。

遺伝子を扱う場合、先生がおっしゃったように物理学が入ってくるので、法則性を重視した学問になるわけですが、その中でいかにして自然現象をとらえるか。そういう意識において、文化人類学と自然人類学はある程度手を組むことができた。日本でも長い間、連合大会をやってきましたが（日本人類学会・日本民族学会連合大会）、一九九四（平成六）年の第四八回大会（鹿児島）あたりを契機に袂を分かってしまった（一九九六年、佐賀で開催された第五〇回大会で終了）。あれはもったいないことだったと思います。

霊長類学というのはもともと人類学として出発した。今西先生が一九四八（昭和二三）年に霊長類研究グループを立ち上げ、一九五六（昭和三一）年に日本モンキーセンターをつくった。しかもそれから間もなく、プリマーテス（Primates 霊長類）研究会という準学会みたいなものを立ち上げた。これを学会にしなかったのは、霊長類学は動物学ではなく、人類学の一部であると考えていたからです。だから、研究成果はあくまで人類学会で発表するものだと考えていた。

一九五五（昭和三〇）年、川村俊蔵先生と伊谷純一郎先生は名古屋で行われた日本人類学・日本民族学連合大会（第一〇回大会）で初めて発表しました。川村先生はサルの文化、伊谷先生はサルの音声伝達について発表したんですが、人類学者は誰ひとりとしてサルに文化・言葉があるなんて思ってなかったから、二人とも発表の席上で相当罵倒された。伊谷さんは「君はサルの言葉があると思っているようだけど、それなら実際にここで発音してみてくれ」と言われて、サルの鳴き真似をさせられたそうです。人類学が

伊谷純一郎（写真提供：共同通信社）

霊長類学を受け入れるのに、相当時間がかかったんでしょうね。

京都大学に人類学教室ができたのは一九六二（昭和三七）年で、それからだいぶ経ってからです。その二年後に国際霊長類学会ができてるんですが、日本霊長類学会ができたのは一九八五（昭和六〇）年ですから、実に二〇年以上も経っている。それまで霊長類学は人類学の中で、何とか存在感を示してきたわけです。

†長谷部言人と東大人類学

尾本　それをうかがって、私自身ちょっと反省しなければならない部分があると思いました。先ほど私は、東大と京大は上手く棲み分けていたと言いましたが、必ずしもそうではない部分もある。日本で最初に人類学を始めたのは坪井正五郎ですが、彼は一九一三（大正二）年、第五回万国学士院大会出席のため滞在していたロシアのペテルスブルクで、急病のためわずか五〇歳という若さで亡くなってしまう。その後、人類学のいわば空白期があったのです。

坪井が立ち上げた、生物学、先史・考古学、民俗学などを含む総合人類学がそこで切れてしまい、その代わりに実に退屈な人体計測学が出てきた。骨でも人体でもとにかく計測して表を造り、統計的なデータを出す。心ある学者はそういう傾向にうんざりしたわけです。

せっかく坪井人類学で多様な分野の人たちと一緒にやってきたのに、これではあまりにもつまらない。そこで、江上波夫、八幡《やわた》一郎、岡正雄、山内清男《やまのうちすがお》など一〇人ほどの若い俊英が集まり、一九三七（昭和一二）年に「エイプ（ＡＰＥ）の会」という集まりを始めた。ご存知のようにＡはアンソロポロジー（anthropology 人類学）、Ｐはプレヒストリー（prehistory 先史学）、Ｅはエスノロジー（ethnology 民族学）の頭文字です。この三つは一心同体で、バラバラにはできない、と（川田、二〇〇六）。

個別の人体計測をやって、計測値の表だらけの論文が雑誌を埋め尽くすようでは坪井先生の意志に反する。そこで彼らは「エイプの会」を立ち上げ、一種の反乱を起こしたわけですが、それは一〇年もしないうちに立ち消えになってしまう。その背景には、長谷部言人という、自然人類学の大ボスがいたといわれています（寺田、一九七五）。

この人は、東北大学医学部の解剖学の教授で定年もまぢかだったのに、東大に引き抜かれて理学部人類学講座の教授になったのです。当時の東大総長の長与又郎《ながよまたお》が、「東大の人類学は今のままでは無きに等しい。有能な長谷部を東北大から引き抜き、東大の人類学を活性化させよう」とした。

随分無茶なことをやったものですが、これは自然人類学にとっては良かった。長谷部は多様な好奇心を持っていて、日本人の起源についての研究だけでなく、文化をもつ動物としてのヒトの特徴や進化の研究を幅広く行い、さらにニホンザルの分布やイヌの品種の研究などもやっていた。

山極 そうです。長谷部言人さんの資料があったからこそ、昔のサルのことがわかった。それは一九二〇年代のことですね。

尾本 当時、地方にアンケートを出して、サルがいるかどうか聞いたそうです。ダーウィンが、人間は人種が違っても恥をかくと赤面するかどうかを調べたのと同じ方法でした。それから長谷部は、イヌの研究もしました。イヌはオオカミから選択された単一種の家畜ですが、品種間で形や行動の特徴が著しい。ヒトの地理的多様性の研究のモデルになるので、現在の分子人類学では注目されています。人類の多様性を考えるにあたってイヌの品種に目を付けたのは長谷部が初めてです。これは極めて先見的です。

なお、長谷部は一般書をほとんど書きませんでしたが、『日本人の祖先』(一九八三年)は日本の人類学とくに日本人の起源研究の歴史を知るには、今でも役に立つ。

2　本当のエリート教育

†長谷部人類学から受け継いだもの

尾本　我々が学生だった一九五七（昭和三二）年頃、長谷部先生はとうに定年で名誉教授でしたが、毎日大学にこられて自分の部屋ももっていた。今では考えられないですね。「末は学者か大臣か」と言われるくらい、大学教授の社会的地位は高かったのです。専任教授の鈴木尚《ひさし》先生や須田昭義助教授は居心地が悪かったでしょう。しかも長谷部先生はときどき「学生、集まれ！」と、カリキュラムに載っていない講義をされる。

当時の人類進化論では人類という単一種が猿人、原人、旧人、新人という一直線の進化を遂げたと考えられていました。これは「発展段階説」で、今では否定されている。人類にはもともと多くの種類があり、ほとんどは絶滅したが、一種類だけが残ってヒト（現生人類）に進化したと考えられています。

渡辺直経（写真：東京大学理学部・〔旧〕人類学教室）

ただ、長谷部先生は単にそうした図式の説明に留まることなく、人類学とはいかなる学問か、なぜ人類は進化したのか、といった根本問題を学生に考えさせる意図で授業をされていたと思います。先生はエルゴロジー（動態学）という言葉をよく使われ、人類の身体的特徴は環境や生態、生活、運動といった外部要因によって決定されるとお考えでした。

正月にはお宅にうかがって、私のような学生でも人類学とは何かといった点について発言することが許されました。当時、人類学教室には三人の助手がおられ、みな長谷部の教え子ですが専門分野は全く別でした。渡辺直経は年代測定学、近藤四郎は生理人類学、渡辺仁《ひとし》は人類生態学です。縄文土器の研究で有名な山内清男（先史考古学）もスタッフの一人（講師）で、彼も東北大医学部で長谷部教授の配下でした。まさに長谷部人類学のメッカとでもいうべき人類学教室でした。なお、長谷部の弟子のうち、篠崎信男（人口学）や田辺義一《ぎいち》（年代学）はすでに東大を離れておられました。

今では考えられないでしょうが、我々学生は助手の先生としょっちゅう飲んでいました。とくに渡辺直経《なおつね》（通称直径《ちょっけい》）さんは、毎晩のように、学生を引き連れては飲み屋に繰り出すのです。でも、単なる呑兵衛の相手をさせられると思ったら大間違いで、そこでは、授業では教えないことを論ずるわけです。

よく次のように言われました。みんな、「人類学とは何か」ということを自分で考えよ、教科書を読むだけじゃ駄目だと。学生たちはまだ、人類学とは何かということがよくわかっていなかったが、一生懸命に考えました。私など、このとき直径さんと飲みながら議論したことで、どれほど訓練されたか。

直径さんは学生たちを集めた飲み会で、よく「君たちはエリートだということを忘れるな」と言った。今、エリートなんて言うと、「上から目線」と嫌われます。しかし、彼の真意は次のようなものでした。

エリートとは、膨大な研究分野にもかかわらずわずか一講座の少数派で我慢している我々のことだ。我々が頑張らなければ、日本の人類学は駄目になってしまう。とはいえ、エリートというものは、絶対に威張ってはならない。自分の責任をわきまえ、世の中にいかに貢献できるかを常に考えて実行するのだ。君たちはこれから、東大には残れないだろうから、いろいろな所に行って新しい分野・専門の「レール」を敷きなさい、と。
この新しいレールを敷くということが、長谷部人類学から我々が受け継いだ重要なメッセージでした。これはとてもいいことだったと思います。渡辺直経先生が田辺義一先生と立ち上げた年代測定学は、東大人類学の重要な専門分野になり、松浦秀治《しゅうじ》さんや米田穣《みのる》さんらが育ちました。

†飲み屋で人類学を教わる

山極　それは面白いですね。実は京大の人類学教室にも呑兵衛の伝統があるんですよ。今西先生自身、すごい呑兵衛で行きつけの飲み屋があって。

尾本　そもそも、京都で飲まないというのはおかしいですよ。こんないいところで。

山極　その伝統は東大出身の池田次郎先生、今西先生の直系の弟子の伊谷純一郎先生もみんな受け継いでいる。私が院生だった時、助手として石田英實《ひでみ》先生と原子令三《はらこれいぞう》先生がいらして、どちらも酒場で議論することがお好きでした。原子先生は東北大出身で東大にしばらくいてから来られたんですが、ぼくはとにかく原子さんに、いろいろなところへ飲みに連れていってもらった。京都に四、五軒行きつけの飲み屋があって、入れ替わり立ち代わり学生たちを引き連れて行ってましたね。

尾本　あと、秋道智彌《あきみちともや》もいませんでしたか？

山極　ええ。ぼくが入った時、秋道さんはもう出ておられましたけど、よくあちこちの研究会や飲み会でお会いしました。京都はフィールドワークが中心ですから。フィールドワークでやるべきこととか、そういうノウハウを教えてもらうのは教室ではなく飲み屋でした。

尾本　それは大事なことですね。

山極　霊長類学、生態人類学、形質人類学などといった学問があるわけですが、人を見るとはどういうことかという本質論を飲み屋で展開する。そういうことは教室の中ではなかなかできないし、すごく勉強させられましたね。

尾本　体験がまったく同じだ。

山極　それに関しては面白いエピソードがあります。フランスの人類学者のクロード・レヴィ＝ストロースが一九七七（昭和五二）年に初めて来日した時、ぼくは大学院生だった。ぼくたちはレヴィ＝ストロースに付き合って毎晩飲みに行ってたんですが、彼はそこで「フランスの学生は週末にいっぱい酒を飲むけど、君たちは毎晩飲んでる。いったいいつ勉強するんだ」と聞いたそうです。うちの院生たちが「我々が勉強する場所は教室じゃなくて飲み屋です」と答えたら、レヴィ＝ストロースは「おお、それはいいことだね」と納得した（笑）。

尾本　川田順造はレヴィ＝ストロースの弟子ですよね。川田君や原ひろ子さんは、東大の大学院のとき我々と机を並べていました。当時は、生物系大学院だったので人類学のカリキュラムに文化人類学と自然人類学の両方が含まれていた。その後、大学院は自然系と文化系に分かれてしまったため、交流もなくなっていった。

山極　川田さんの人類学にも相当自然が入ってますよね。

尾本　そうです。彼と佐原真《さはらまこと》さんと三人で「新エイプの会をつくろう」という座談会をしたことがあります（一九九七年）。それにしても、今の学生も先生も飲まなくなりましたね。コミュニケーションはすべてメールで済ましている。

山極　そうですね。本音を語り合えないのが辛い。学生と教員が垣根を越え、互いに罵り合ったりしながら切磋琢磨する機会がないですよね。

尾本　先生は昔に比べて余裕がなくなったのでしょうか。

†今西錦司と「京都エリート」

山極　先ほど尾本先生がおっしゃったエリートという言葉に関して、ひとつ思い出しました。オックスフォード大出身でレディング大学の教授をしていたランバート・ベヴァリー・ホールステッドという地質学者は、ダーウィンの進化論の信奉者だった。一九八〇年代初めに彼が日本にやってきたんですけど。先生もご存知だと思いますが、地団研（地学団体研究会）という進化論を信奉するグループがあります。これは東大の地質学者、古生物学者が中心となってつくったものです。地団研は今西進化論を批判させようとして、ホールステッドを日本に呼んだんですよ。京都大学でも、古生物学者の亀井節夫《ただお》さんは今西進化論に対して批判的な立場を取っていた。ホールステッドは二カ月ぐらい日本にいて、東大と京大に一週間ずつぐらい滞在しました。彼はその時、今西さんと会って話をし、さらには今西さんの弟子たちにも会った。

ホールステッドは今西さんを批判するために日本に来たのに、今西さんと会って話をしているうちに今西さんの人柄に惚れ込んでしまった（笑）。彼は次のようなことを言っています。今西が言っていることは間違っているかもしれないが、彼がやっていることは偉大で、弟子たちは真のエリートだ、と。彼は今西さんやその弟子たちを「京都エリート」という言葉で呼んでいる。京都学派という言葉があるけれども、学派というのは個人ではなくグループを表す言葉だから、これからはエリートと呼ぶべきだ。弟子たちは今西を尊敬し、そばでいろいろなことをやっているけれども今西の理論を信じているわけではない。これはオックスフォードとよく似ている。この指摘は面白いですよね。

袂を分かってスピンアウトし、いろんな学派をつくるのではなく、違う考えを持った連中が人間的な魅力に惹かれて今西のそばに集まる。そして分野を超えて、多岐にわたる討論を交わす。これこそが学問の進歩にとって重要なことで、エリートのエリートたるゆえんだろう。彼がそう言っているのに、ぼくはちょっと感激しました（ホールステッド、一九八八）。

尾本　なるほど、違う考えを持った人間が集まって議論を交わす。いいことですね。渡辺（直経）先生は年代学の研究者で、自ら地磁気を測定する機械をつくって遺跡の年代を測っていた。そして渡辺（仁）先生は唯一のフィールドワーカーで、様々な民族の住むところへ行って調査していた。

ある時、仁先生に、岩手県で当時「岩手チベット」と呼ばれていた山の中へチョウを捕りに行くと話した。すると先生から、「それはいいチャンスだから、あのへんの人々の生活様式を調べてきてくれ」と云われました。当時は、先生が学生にそういうことを頼むこともあった。今では考えられないぐらい、先生と学生の間の意思疎通がスムーズに行われていて、先生の考えを批判することも平気だった。

†草創期の分子人類学とエリートの使命感

尾本　さっきのお話で、弟子たちは今西先生を尊敬しているけれども、その学問を完全に肯定していたわけではなかった。まさに私もその通りで、長谷部人類学の根本的な欠陥に気づいていた。『ヒトと文明』にも書きましたが、ある時長谷部先生に「人類学になぜ遺伝学を入れないのですか?」と質問したところ、こっぴどく叱られてしまった。「遺伝学は、変化しないもの（遺伝子）を研究する。一方、人類学は、人間がいかに『変化する』のか研究する。変化しないものと変化するものでは全然違うから、遺伝学は入れない」とおっしゃった。でもそれは屁理屈ですね。

当時、中立進化説で有名な木村資生《もとお》先生をはじめとする遺伝学者と長谷部先生は仲が悪かった。遺伝学者は「長谷部が言うところの進化は、いわゆる彷徨《ほうこう》変異だ。つまり環境の変化によって形が変わっただけで、遺伝子の変化はないから進化ではない」と言う。長谷部先生はそれに対して、ついに「遺伝子なんていうものを考える必要はない」とまで言うようになった。まるでラマルキズムです。フランスのラマルクが唱えた進化論は、環境の変化によって生物は進化するという考えで、ダーウィンの自然淘汰説（ダーウィニズム）と対立する仮説ですね。そのぐらい長谷部は遺伝学者とは仲が悪かった。私はまさにそこを先生に疑問としてぶつけた。それには相当度胸が要りましたけど。

私は割とずうずうしいので、相手が誰でも、何でも質問します。そこで私は、人類学には絶対に遺伝学を入れなきゃ駄目だと主張した。もちろん、人類学そのものを人類遺伝学に代えるのではなく、人類学の目的である進化の研究のためには遺伝学を利用しなければ駄目だという意味です。結局、当時の日本ではまだそれができなかったのでドイツへ行きました。かつて独文にいたのでドイツ語を話せた。文学部にいたことは無駄ではなかったということです。

山極　尾本先生が人類学教室におられた時、渡辺仁先生などいろいろな方と接点を持たれた。これは後にフィリピンでネグリト（小黒人の意）の調査をされたことにつながっているわけですよね。

尾本　ええ、大変な影響ですよ。そういう経緯で、私は分子人類学という学問を日本で立ち上げた。石本剛一さんや亡くなった豊増翼《とよますたすく》さんも仲間でした。当時はまだＤＮＡそのものを実験室で扱うことはできなかった。ＤＮＡが造りだすのはタンパク質なので、タンパク質の変異を調べました。タンパク質の変異を見ることで、間接的に遺伝子の変異を見ていたわけです。

　今の学生さんたちは、高級な装置を使ってＤＮＡやゲノムを直接扱えるから、「タンパク質の変異を見てもしょうがない」なんて言いますが、わかっていない。技術はいくらでも進歩する。ところが技術が発達しても、何を研究するのかというアイデアが生まれるとは限らない。私は長谷部先生から、エリートとしての使命感を持つことの重要性を学んだ。また先生に怒られたことで、かえって人類学に遺伝学を持ち込むという夢を実現できた。その意味で、私は長谷部先生のことを恩人のひとりと思っています。

山極　ぼくらも池田次郎先生や伊谷純一郎先生に「自分の研究でアルバイトするな」と言われましたけど、これもひとつのエリート意識なんですよ。人の下に立って、目的的な研究を志向してはいけない。儲かることを考えるな。アルバイトしてる暇があったら考えろ。学問を楽しめ。「武士は食わねど高楊枝」じゃないけど、研究者としての矜持《きょうじ》を持たねばならないと。

3　長谷部人類学と今西霊長類学

†人類学との出会い

尾本　ところで、山極先生は東京の方でしょう。なぜ京大に行かれたのですか？

山極　京都に来た一番の理由は、紛争なんですよ。ぼくは高校紛争を経験した世代なので。京大に入学したのは一九七〇（昭和四五）年です。一九六九（昭和四四）年に東大の入試が中止された時、ぼくは高校二年でした。当時、大学紛争が高校に飛び火して高校紛争が起こった。いろんなことがあって、精神的にずいぶん参りました。だから東京にいたくないという気持ちがあった。

尾本　私は紛争の時（一九六八年頃）講師でしたが、全く研究ができず参っていました。

山極　ご本の中に、紛争が嫌でオーストラリアに逃げたと書かれていましたね。

尾本　マダガスカル島のアイアイ（原猿の一種）の研究をした島（岩野）泰三《たいぞう》君は、人類学教室の学生のとき東大全共闘の副委員長です。彼は最後まで安田講堂で旗を振っていて逮捕された。警察に貰い下げに行ったが、どうしても駄目で、とうとう牢屋に入れられてしまった。出所後、彼が私のところへ来ると言うから「お礼参りかな、怖いな」と思ったのですが、なんと「獄中で先生の本を読みました」と言うのです（笑）。予想に反してえらく殊勝で礼儀正しい。文武両道なのでしょう。

山極　島さんはその後、マダガスカルでずいぶん実績を積まれましたよね。

尾本　彼はやり手ですよ。紛争さえなかったら、大学教授か実業家になっていたと思う。山極さんは紛争を避けて、京都に行かれたのでしょうか。

山極　まあ、いろんなしがらみから逃れたいという気持ちもありましたね。

尾本　紛争がなければ、東大に行かれたかもしれませんね。もしかしたら、人類学教室に。そうしたら、東大の人類学に霊長類学が持ち込まれたかもしれない。

山極　ぼくは最初、人類学をやろうと思ってなかった。京大は物理が強いですから、物理学をやろうかなと思っていた。本当は宇宙飛行士になりたかったんです。でも大学時代に伊谷さんの本に出会って「あれ？　こんな学問があるのか」と思った。それで伊谷さんの

鈴木尚（写真：東京大学理学部・〔旧〕人類学教室）

講義も受けて、「これは面白いな」と思って方向転換したんです。

尾本　そういう先生との出会いは大事ですね。なぜ私が人類学を始めたかをもっと早く言うべきだった。私はもともと理系でしたが、医学部の試験に落ちて文学部の独文に行った。ある時、たまたま理学部の鈴木尚先生が来られて授業された。鈴木先生は人骨の石膏模型を並べて、「人類はこのように猿人・原人・旧人・新人の順で進化してきた」とおっしゃった。授業の最後に「質問は？」と聞かれたが、誰も質問しない。文学部の学生にはあまり面白くなかったのでしょう。私は後ろのほうから恐る恐る手を挙げて、質問しました。「私はチョウが好きで少しばかり研究もしていますが、チョウには形だけ見ていたのでは分類できないものがたくさんあります。人類は形だけで分類していいのですか？」と。先生にしてみたら、嫌な質問ですよね。

山極　すごく勇気のある質問ですね。

尾本　先生は一瞬すこし驚かれたようでしたが、すぐに解剖学と先史学的な説明をされました。「年代と共に形が変化し、それが一、二例ではなく共通に見られるなら進化と考えてよい」と。それで終わるかと思ったら、授業の後に鈴木先生が「ちょっとお前、来い」とおっしゃる。「お前は文学部の学生にしては、妙に自然科学に詳しいな」と言われました。そこで「私は昆虫少年で、多様性の研究をしようと思って東大に入ったが、それができる場が見つからない。仕方なく文学部でうろうろしています」と言うと、先生から「何ならうちに来ないか」と。その縁で理学部に入学し直して人類学を始めたのです。

山極　それで人類学に行ったんですか。興味深いですね。

尾本　鈴木先生とのこの偶然の出会いがなかったら、今の私はありません。「縁は異なもの」で、先生はまさに人生の大恩人でした。

†探検としての人類学

尾本　当時、人類学という学問は人気がなかった。四名の学生定員になかなか達しない。そこで「一人ぐらいなら、学士入学で入れる」と言われました。人類学を始めてみて、「昆虫でやりたいと思っていたことが、できるではないか」と驚き、かつ喜びました。迂闊な話ですが、それまで、理学部に人類学教室があることを知らなかった。

山極　ぼくもそうでしたよ。あの頃は教養部があって、その中に自然人類学という講義がありました。今でも覚えてるんですけど、前半は杉山幸丸《ゆきまる》先生が講義をされました。その後、杉山先生はふっといなくなり、代わりに原子先生が講義を担当されました。最後にまた杉山先生がフィールドから帰ってこられて、講義をされました。杉山先生は真っ黒になって帰ってこられて、アフリカの話をされました。その講義を受けて「いやぁ、おもろいなぁこの学校は」と思った。ぼくは宇宙飛行士に憧れるぐらいですから、探検家になりたいとずっと思っていた。だから「これは案外と、子どもの頃の野望を実現できる学問かもしれないな」と思ってしまった。

尾本　京大は探検部が有名ですよね。霊長類学はむろんそうですが、人類学の要素のひとつにも探検があると思います。今それを実践してくれているのが国立科学博物館・人類史研究グループ長の海部《かいふ》陽介君です。彼も私の教え子の一人ですが、二〇一三年から「3万年前の航海　徹底再現プロジェクト」というのをやっている。

数々の事実から、何万年も前、まだ今のような船がない旧石器時代に、ヒトは深い海を渡り分布を拡げていったことが知られています。最初の日本列島人も三万年以上前に海を越えてやってきた。プロジェクトでは人類学者のほか、考古学者や一般人など多様な分野の若者がチームを組み、手づくりの船で台湾から八重山列島への航海に挑戦しています。

山極　草の舟でテスト航海したりしていますよね。

尾本　海部君は、形態人類学の研究室の中で充分よい仕事をしてすでに認められているのに、あえて困難な実験航海というプロジェクトを立ち上げ、人類学という学問の面白さを世の中に広めてくれている。だから私は大いに応援しています。

山極　今西さんはもともとアルピニストで、「未踏峰を踏む」というのがモットーだった。学術の世界でもそれをやろうとしたわけです。今西さんは海外遠征での探検を必ず、学術調査と位置づけた。その時には必ず、植物学者や地質学者を連れていった。

尾本　コムギの祖先を発見したことで知られる木原均先生も今西探検隊にだいぶ関係されていて、一九五五（昭和三〇）年五月には京都大学カラコルム・ヒンズークシ学術探検隊長を務めておられますよね。京大の今西先生は東大の長谷部先生と類似した立場におられて、人間的にもボスたる風格を備えておられた。立派なアルファオスでしょう（笑）。

山極　今西さんは驚くべきことに、五七歳まで無給講師なんですよ。

尾本　それは信じられないなぁ。でも、今西さんは西陣のボンボンだからお金持ちでしょう。しかし、それにしてもひどいことをするものですね。

山極　それで身上を潰したらしいですけど、五七歳の時に無給講師から、助手も助教授もすっ飛ばして教授になるんですよ。今西さんいわく「俺はリーダーにしかなれんのだ」と。

尾本　長谷部先生に似ているなぁ。

山極　助手や助教授として、教授の下で働くのが嫌だったんでしょうね。

尾本　こんな噂を聞いたことがありますよ。たしか興安嶺だったと思いますが、今西さんが梅棹さんたちを引き連れて探検に行かれた。ずっと歩いていくと、地図もなく、道が二つに分かれている。部下たちはおろおろして「どっちに行ったらいいのかわかりません」という。しかし、今西さんは少しも動ぜず「右」といわれた。でも、それには根拠なんかない。今西さんは「そういう時、おろおろしてはいけない。とにかくどちらかに行って、駄目だったら戻ってくればいい。隊長、リーダーというのはそういうものだ」と言った。

私もフィリピンなどのフィールドワークでリーダーを務めましたが、ちょっと今西先生の真似をしていました。自分の直感を信じて、毅然として行動する。

山極　そのエピソードの真偽のほどはよくわかりませんが、今西さんが常々、直観で判断することが必要だとおっしゃっていたことは事実です。山というのは突然危険が迫ってくる。その時、あれこれ考えていてはいけない。

尾本　リーダーがおろおろするのが一番いけない。それだと本当に遭難しますからね。いやぁ、面白いなぁ。

†霊長類学の京大、分子人類学の東大

尾本　今西先生と長谷部先生とは、役割も似ていますね。東大の人類学はやはり、坪井正五郎の歴史的伝統をひく、長谷部流の総合人類学ですよ。また、長谷部先生があれほど強引に「人類学には遺伝学を入れない」と言うから、私のような者が反発し、かえって遺伝学が導入されることになった。

残念なことですが、今、東大の人類学は、生物科学という非常に一般的な内容の組織に組み込まれてしまっています。一応教授二名は確保されていますが、植田信太郎、石田貴文の両教授と准教授の大橋順さんは遺伝（分子人類学）の研究者です。近藤修准教授は形態人類学、井原泰雄講師は数理人類学の専門家です。できれば、生態学とか行動学などの分野の人もいるとよいのですが、スタッフを増やせるような状況ではないのが残念です。

山極　東京大学の理学研究科から新領域の人類進化システム分野を作った河村正二さんも遺伝ですよね。でも、行動学にも興味があって広く活動しています。

尾本　彼は、柏キャンパスです。東大の人類学教室は多くの分子人類学の研究者を輩出しましたが、みな様々な研究機関に分散して新分野を開拓しています。たとえば斎藤成也さんは国立遺伝学研究所教授で世界的に著名な分子人類学者として活躍しています。一九八七年に彼が開発した「近隣結合法」という分子系統樹作成理論は世界的に有名で、論文の引用回数は一万件以上でした。「レールを敷く」伝統が守られているようで、喜ばしい事です。

言い忘れましたが、数理人類学も東大人類学教室の遺伝人類学が生んだ重要な分野です。立ち上げたのは井原講師の指導教官だった青木健一教授（現名誉教授）でした。実は、私が在職中に彼は物理学科の学生でしたが、なぜか人類学に興味をもち、転科してきたのです。我々人類学者は概して数学が弱かったので、面白いと思い彼を招き入れました。彼は英語が堪能で、それまでの人類学に欠けていた数理思考が持ち込まれ、国際研究交流の面でも大いに役立ってくれました。

分子人類学のことばかり出てきましたが、むろん長谷部先生、鈴木先生の専門であった形態人類学や古人類学でも多くの先輩たちが活躍されていました。埴原和郎《はにはらかずろう》、香原志勢《こうはらゆきなり》、山口敏《びん》、佐倉朔《はじめ》さんたちです。

山極　形質人類学でも、諏訪元《すわげん》さんが東京大学総合研究博物館にいて、世界の第一線で活躍しています。

尾本　彼も教え子の中でとくに優秀な学生でしたが、今、英国の科学雑誌『ネイチャー』に出た論文数で、東大ではトップクラスだそうです。そんな優秀な人がなぜ人類学教室でなく「博物館」にいるのかと疑問を持つ方がいます。しかし、彼の研究はアフリカの猿人の古人類学で、「博物館」となじみがよいし、そもそも博物館を展示中心で研究機関としては少し軽く見る風潮がありますが、それは完全な誤りです。諏訪さんが館長になった東大総合研究博物館も筑波にある国立科学博物館も、第一級の研究機関であることに間違いありません。

山極　博物館にああいう人がいないと、後継者が出てこないからね。京大に霊長類研究所ができたのは一九六七（昭和四二）年なんですが、この時、時実利彦先生が尽力された。初代・第三代所長は近藤四郎先生です。だからまさに形態学、心理学で二つの大部門が立ち上げられた。その後、遺伝学や生化学、大脳生理学も立ち上がりました。生態学や社会学が立ち上がったのはその後です。京大の人類学教室の初代教授は今西先生ですけど、二代目は東大出身の池田次郎先生ですから、東大・京大の出身者が協力して立ち上げたことになる。東大の形質人類学と京大の霊長類学は互いに分担して、学生たちを教えていた。ぼくが学生だった頃、自然人類学の中には霊長類学、形質人類学、生態人類学という三つの分野がありました。

尾本 先ほど、霊長類学は人類学だとおっしゃいましたが、これに関してはいろいろと議論があったと思います。東大では、「霊長類学は動物学と人類学の中間だ」という理解でした。チンパンジーやゴリラの研究は明らかに人類学ですが、キツネザルなどの原猿《げんえん》やクモザルなどの新世界猿になると動物学ではないかといわれる。

東大では、「霊長類学は京大」という暗黙の了解がありましたね。西田利貞さんが助教授でおられたことがありましたが、すぐに京大に戻られた。総合研究大学院大学（総研大）学長の長谷川眞理子さんは大学院の頃チンパンジーの野外研究をされましたが、やめてしまわれた。「霊長類学は京大に任せて、東大はヒトに力を入れよう」という風潮がありましたね。良い意味での「棲み分け」ができていたのです。

以前から、東大と京大が共同研究やシンポジウムなどをやれればよいと思っていました。そこで、助手だったとき、「東大・京大の助手会」なるものを考えました。たしか当時京大の助手は、杉山幸丸さんだったか葉山杉夫さんだったか、彼らとはよく話し合いました。

しかし、その試みは長続きしませんでした。

それからは何となく、東大と京大が互いに反発する空気がなかったといえばウソになる。京大が主としてアフリカの霊長類や狩猟採集民の研究でどんどん発展していき、霊長類研究所や、アフリカ地域研究センター、東南アジア研究所などフィールドワークの成果が評価されて研究所がつくられたのに、東大のほうは、科学博物館を除き研究機関が増えず、やや停滞していた。

その理由には、自然人類学やフィールドワークに対する両大学の考えや評価の相違もある。そのことを端的に示すのが、山極先生が総長になられた京大と、人類学が自然と文化に分かれて元気がなくなった東大との違いではないでしょうか。

山極 その後、丹野正さんや佐藤俊さんなど、生態人類学をやっている人たちが東大に助手として行った時代がありましたよね。

尾本 そうですね。あれはみんな渡辺仁さんの影響ですよね。

山極 その後、大塚柳太郎《りゅうたろう》さんが医学部のほうに人類生態学の講座をつくられて。

尾本 大塚さんは渡辺仁さんのまな弟子で、生態人類学と人口問題の第一人者ですが、自らも大勢の弟子を育てた。ニューギニアのギデラ族のフィールドワークは大きな成果を生んだ。東大の人類学者の中では京大の人類学者に一番似ているといってよいでしょう。

東大の人類学には、実験的に人骨の形態を調べる機能形態学の分野もあって、遠藤万里《ばんり》さんや木村賛《たすく》さんが研究していました。近藤四郎先生の弟子にあたる佐藤方彦《まさひこ》さんは、日本生理人類学会を立ち上げました。

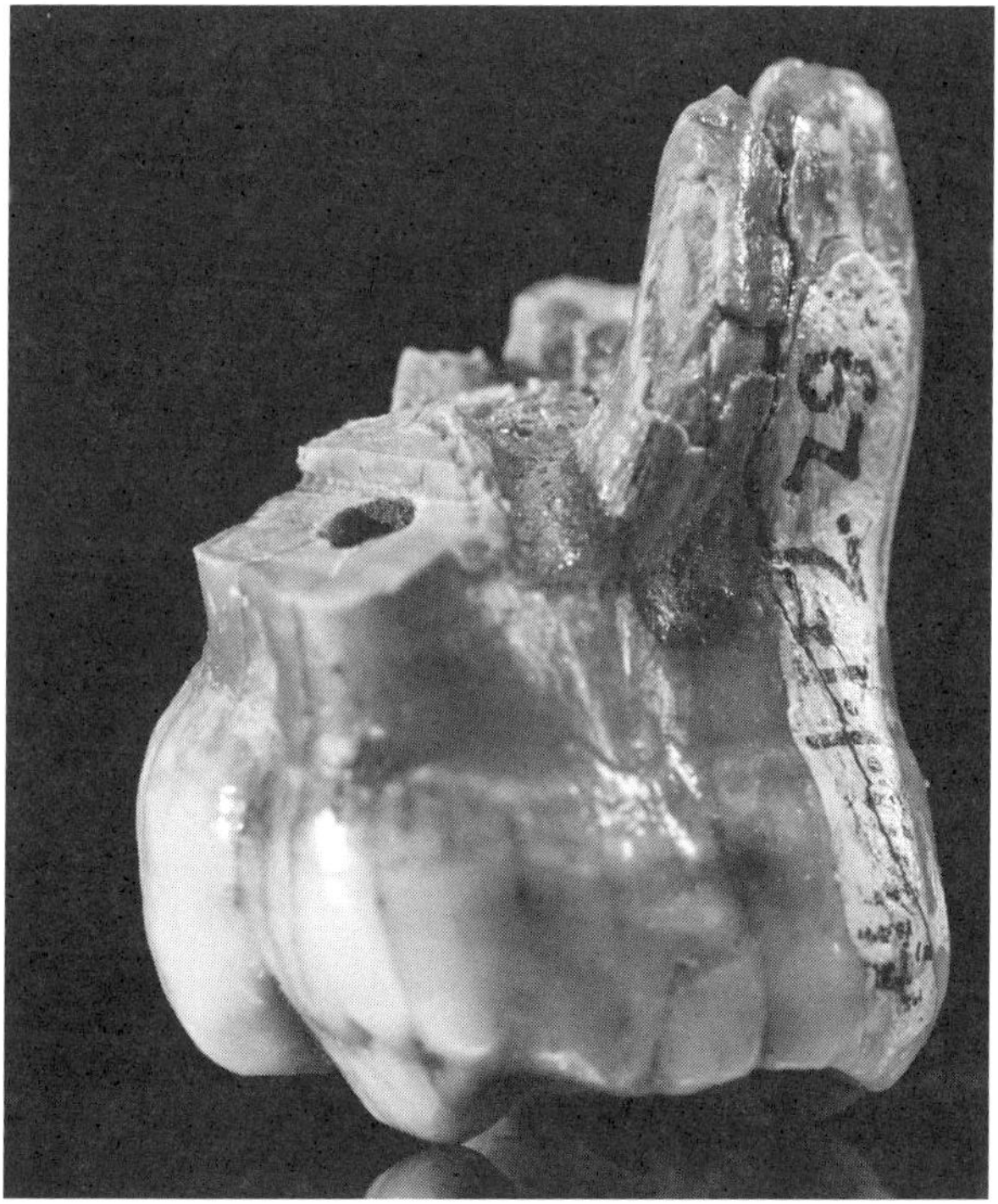

第三章

最新研究で見る人類の歩み

デニソワ人の臼歯の化石　ROBERT CLARK/NationalGeographic Creative

1　デニソワ人、ネアンデルタール人、ホモ・フローレシエンシス

†デニソワ人、ネアンデルタール人と現生人類の混血

山極　人類の起源をめぐっての最新の発見として話題になっているのが、二〇一〇年にロシアで見つかったデニソワ人ですね。また、そのデニソワ人とホモ・サピエンス、ネアンデルタール人とホモ・サピエンスの混血が問題としてよく取り上げられています。

この混血については、真偽のほどはわかりませんが今のところ次のような説があります。ホモ・サピエンスは古い人類、あるいは亜種として異なる人類の遺伝子を取り込むことにより新しい環境に適応できた。現代人の遺伝形質の基となった集団は数千人と小さかったと言われます。そこで自然淘汰にかからず遺伝的浮動によって病気を引き起こす遺伝子が残ったと。そこで遺伝的多様性を増す必要が生じた。これに関して、先生は何かお考えがありますか？

尾本　それは淘汰万能の考えではないでしょうか。ヒトのゲノムでネアンデルタール人由来の部分は数パーセントとごく少ない。また最近、現生のメラネシア人やオーストラリア原住民のゲノム中にやはり数パーセントですが、ネアンデルタール人とは別種の旧人類デニソワ人のDNAが含まれていることがわかった。

実は、斎藤成也さんの主導で行った我々の研究で、フィリピンのネグリト人でも、ほぼすべての集団でゲノム中にデニソワ人のDNAがあることが発見されました。つい先ごろ、遺伝関係の国際誌（『ゲノム生物学と進化』）で論文が発表されたところです（Jinam ら、二〇一七）。

ヒトのアウト・オブ・アフリカの早い段階で、どこかで先住民だった旧人のグループと一定期間共存したために交雑が起こった。それは偶然の結果で、淘汰上の意味は何もないと思います。

偶発的か意図的なのかわからないが、ヒトとは遺伝的にかなり縁の遠い種との間で交雑があったことは間違いない。ただ、交雑がいつ、どこであったのかがわからない。五万年くらい前、ホモ・サピエンスのクロマニョン人がアフリカから北上して中近東からヨーロッパに行くと、そこには一〇万年以上前からいた先住民のネアンデルタール人がいた。そ

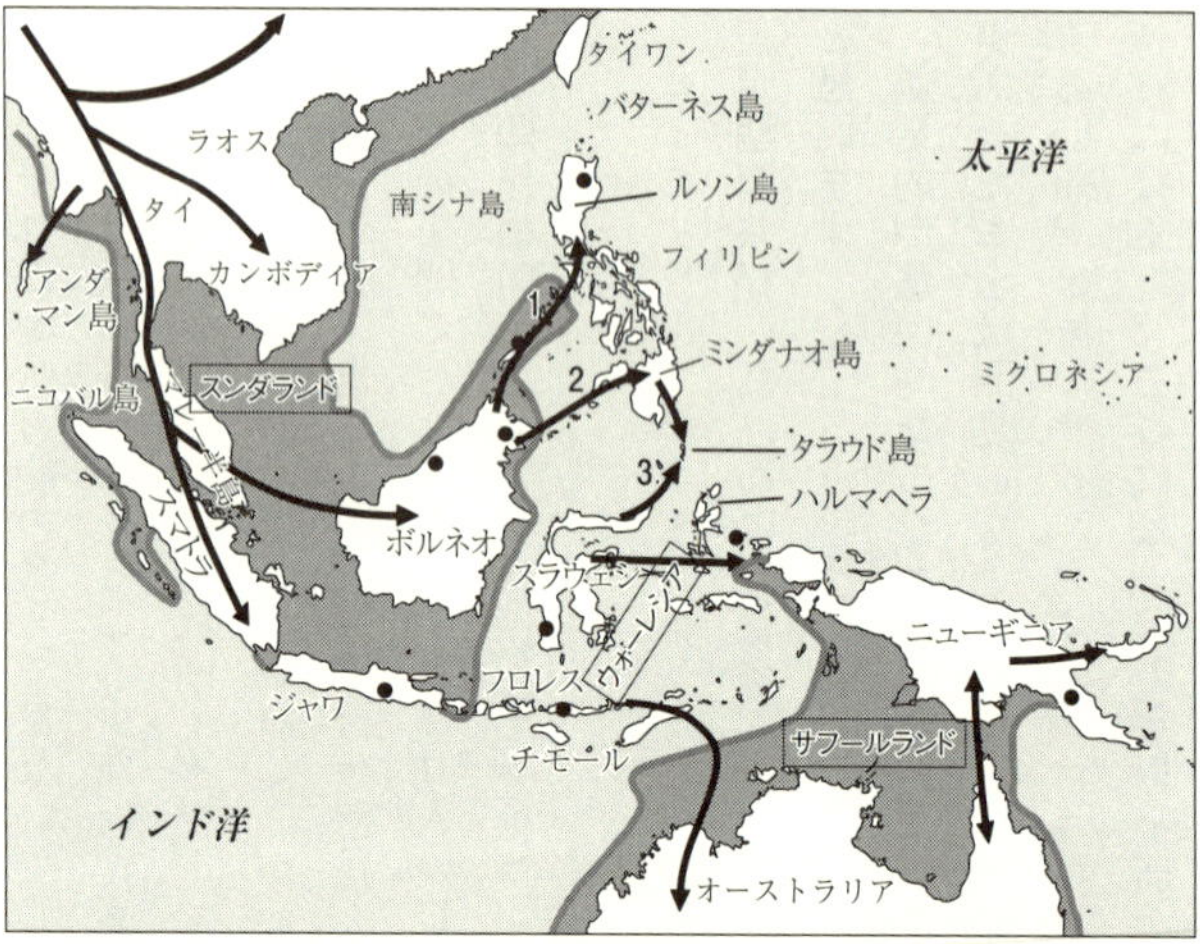

スンダランドとウォーレシアの位置関係。→はヒトの移住経路、●は重要な洞窟遺跡を示す（『ヒトと文明』p116より）

こで、両者は接触したことがあり、混血が起きたようです。しかし、デニソワ人がいったいどこにいたのか、今のところ謎です。

フィリピンのネグリト人は二〜四万年前の氷期に陸地化していたスンダランド（現在のスマトラ島やボルネオ島など、東南アジア島嶼《とうしょ》部）の熱帯降雨林で適応進化して小型化したと考えられます。そこから東方に、アジアとオーストラリアの生物圏を分けるウォーレス線を越えた海域地帯のウォーレシアがあります。私の想像では、デニソワ人はこの辺にいたのではないか。

山極　二〇〇八年に西シベリア・アル

タイ山脈のデニソワ洞窟で、子どもの骨と思われる断片が見つかったんですよね。

尾本　マックス・プランク進化人類学研究所のスバンテ・ペーボが率いる研究チームが、その小さな指の骨からミトコンドリアDNAを採取して解析しました。そして二〇一〇年三月に『ネイチャー』で、デニソワ人は一〇〇万年ほど前に分岐した新系統の人類であると発表したのです。

その後の核ゲノム解析の結果、デニソワ人の進化の概要が明らかにされます。約八〇万年前に、ネアンデルタール人がホモ・サピエンスの祖系から分岐した。そしてデニソワ人は約六四万年前にネアンデルタール人から分岐した旧人類の一種であることが明らかにされました。デニソワ人の遺伝子は、はじめシベリアで発見されましたが、現代のユーラシア大陸のヒト集団には全然見られないにもかかわらず、遠く海を隔てたオーストラリアの原住民やメラネシア人には見られるという不思議な分布です。

つまり、アフリカを出たヒトの集団が今から五〜六万年前にオーストラリアやメラネシアにやってきた。その集団が、途中のどこかで交雑によってデニソワ人の遺伝子を拾った。当然、インドや東南アジアを通ったはずですが、それらの地域の人たちのDNAを調べてもデニソワ人の痕跡はまったくない。

もしかしたら中国南部あたりで出会ったかもしれない。なぜなら、中国からはネアンデルタール人ではない旧人類の化石がいくつも発見されているからです。しかし、現在のところ、それらの化石を保管している中国科学院は外国人によるＤＮＡの研究を許さない。今後の研究を待たねばなりません。

†ホモ・フローレシエンシスの謎

山極　ぼくらにとって不可解なのは、次のようなことです。遺伝子はわかるんだけど、デニソワ人の姿かたちは復元できていない。年齢や肌の色から、ネアンデルタール人はおそらく白人だったのだろうと言われています。科博（国立科学博物館）にも、だいたいの姿かたちの復元模型がありますよね。でもデニソワ人の姿かたちは全然わかってない。いったいどういう人類だったのか。

尾本　残念ですが、現状では全くわかりません。不思議な人類はほかにもいて、たとえばインドネシアのフローレス島で化石が発見されたホモ・フローレシエンシスは、身長が一メートルほどしかなく、ネグリト人よりもずっと小さい。科博の馬場悠男《ひさお》さんや海部陽介さんが研究しています。

山極　あれは進化の中でどう位置づけられるんですか。

尾本　人類の先祖にはいろんな種類があって、生まれたり消えたりした。つまり、単に原人と言われていたものにも何種類もあった可能性があります。ホモ・フローレシエンシスは、かつてジャワ原人と言われていたホモ・エレクトスが、小さな島に隔離された結果小型化、特殊化した種だと思います。一般に島の動物は小型化する傾向があります。

山極　ホモ・フローレシエンシスは、先生が研究されたフィリピンのネグリト人よりさらに小さいでしょう。ネグリト人の脳容量は大きくて我々とほぼ同じぐらいだけど、フローレシエンシスの脳容量は小さい。だけどフローレシエンシスは道具を使っていて、小型の象を狩って暮らしていた。

尾本　あれも不思議ですよね。フローレス島というのはジャワ島などと陸続きになったことがない。だから「象の背中にまたがって海を渡ったのではないか」と冗談を言われる（笑）。

山極　海を泳いでね。

尾本　海部陽介君の「3万年前の航海」ではないが、一〇万年以上前に海を越えたわけですからね。人類学の大きな謎ですよ。

山極　多くの動物の境界となったウォーレス線を越えてますからね。

尾本　このように、人類学には不思議なこと、面白いことがいっぱいある。だから若い人に、もっと興味をもってもらいたい。その謎に取り組んでいただきたい。我々の世代はもう少数です。若い人が増えて大勢で研究すれば、人類学も一般の皆さんに面白いことをもっと啓蒙できると思います。デニソワ人の問題ひとつ取っても、不思議だらけですよ。しかし、今は不思議でもおそらく近い将来には解決できる謎です。

†天変地異と人類の分布

山極　進化というのは変わるものなんだけど、長い間変わらなかった時代がある。たとえばオルドワン式石器は、約一〇〇万年以上変わらなかった。その後のチョッパー（片刃の礫器《れっき》）も、ずっと変わらないかたちで残っている。その間、なぜ変わらなかったのか。変わったことに関してはいろいろと理由が付けられるんですけど、変わらなかったことに関してはまだ理由を見つけられていない。道具ばかりでなく、人類の形質も長い間変わらなかった時代がある。

尾本　それはスティーヴン・ジェイ・グールドとナイルズ・エルドリッジが提唱した断続

平衡説ですね。彼らは、生物の種はダーウィンが言うように徐々に進化するのではないと主張した。安定期にはまったく進化しないが、ある時期が来ると突発的に進化する。たとえば人類の脳も小さいままで何百万年過ぎたけれども、ある時突然大きくなり、それからまた安定期に入る。つまり、安定期と変革期が繰り返される。原人の間、脳容量はあまり変化しないのですが、ネアンデルタール人やホモ・サピエンスになると急に脳容量が大きくなる。今おっしゃったように、安定期にはなぜ変化せず、安定期と変革期が繰り返されたのか。その原因の究明は面白い課題ですね。

山極　先生も『ヒトと文明』にお書きになっていますけど、人口の変動に関しては天変地異が引き金を引いた可能性がある。

尾本　そうですよ。五〜六万年前にヒトのアウト・オブ・アフリカの第一波があって、五万年前にはオーストラリア大陸に人類が現れる。それから間もなくニューギニアまで広がったわけですが、これらの集団はほぼすべてデニソワ人の痕跡DNAを持っている。デニソワ人は種は異なるが、ネアンデルタール人のグループと思えばいい。

本では結論めいたことは書けなかったが、天変地異が人類の分布にかなり大きな影響を与えたのではないか。七万四〇〇〇年前、スマトラ島北部のトバ火山が大噴火した。地球の歴史上、最大に近い火山爆発で、その付近にいた原人ホモ・エレクトスはおそらく死滅してしまったと思います。

山極　それはホモ・サピエンスが到達する前ですよね。

尾本　ええ。大爆発によって原人が絶滅してしまった後にホモ・サピエンスがやってきたと考えることもできますよね。

山極　ニッチ（生態的地位）の空白地帯ですね。

尾本　ホモ・エレクトスの中にデニソワ人がいたのかもしれない。現在は想像をたくましくするしかできませんが、人類学にはまだまだ可能性がある。ゲノムを調べれば、いろいろとわかるはずです。発見される古人骨のゲノムを見ていけば、「あっ、これはデニソワ人だ」ということになるかもしれない。インドで見つかるかもしれないし、中国南部あるいはインドネシアで見つかるかもしれない。

†ホモ・エレクトス研究の最前線

山極　今の話で言えば、ホモ・サピエンスのアウト・オブ・アフリカ（五〜六万年前）の前にホモ・エレクトスのアウト・オブ・アフリカ（約一八〇万年前）もあったわけですよね。

尾本　ええ、はるか前にホモ・エレクトスまたはエルガステルもアフリカから出ています。

山極　ホモ・エレクトスは一八〇万年前、すでにトルコまで行っている。今、そこの発掘がどんどん進んでいます。ホモ・エレクトスがアフリカから出ていく時、何があったのか。それに関しては、ホモ・サピエンス以上に何もわかっていない。ただオルドワン式石器など、石器はいろいろ出てきている。これは人間の文化と言ってもいいかもしれませんね。石器がつくられ、使われたということは計画性の共有、価値の共有がそこにあったことを意味する。特にトルコあたりだと、障害を負った人たちが長らく生き延びていた証拠がある。ですからシンパシー（sympathy 憐れみ）、エンパシー（empathy 共感）という感情がそこに芽生え、介護が行われていたのではないかと言われています。

尾本　ヒトになるはるか前の原人の段階で、すでにそういう感情があった、と。

山極　身体のプロポーションもそうです。一九八〇年代、ケニアのトゥルカナ湖の西岸でおよそ一六〇万年前の少年のほぼ全身の骨格が出てきた（トゥルカナ・ボーイ）。これはほぼ八頭身で、その頃すでに、ホモ・サピエンスに見られるような身体のプロポーションが完成されていた。しかし、脳容量はまだ一〇〇〇ccを超えていません。人間の生物学的な進化と、人口密度に相当影響を受けたであろう認知の変化では、進み方がちょっと違っていたのではないかと思います。

尾本　今のところデニソワ人は骨格がなくDNAしか知られていない。いったいどんな顔かたちの人類だったのか知りたいですよね。シベリアでデニソワ人が見つかった時、スバンテ・ペーボはさっそく中国に出向き、人骨のDNA研究をさせてくれと頼んだ。考えることは誰も同じで、まず疑ったのは中国の旧人類と同種ではないかということだった。しかし、中国の研究者は「中国のものは中国人が研究する。中国人のDNA研究者が育っているから、彼らの研究のために取っておく」と言います。その気持ちは、理解できます。

†人類学と植民地主義

尾本　ペーボたちはたしかにすごい研究をやっていますが、いささか疑問に思うところもある。彼ら欧米の学者は、当然のように世界中の試料を集めて研究していますが、その一方で、長年にわたって現地で苦労しながら研究してきた人たちがほとんど無視されている。まるでグローバリゼーションで得をするのは誰か、と似た問題です。

我々のネグリト研究でもそうです。ネグリト人の遺伝子を組織的に調べようとした人類学者は世界で私が最初で、これには誰も反論できないはずです。一九七五（昭和五〇）年に文部省の科学研究費をとり、プロジェクトをスタートさせました。若き日の三澤章吾先生（法医学者、筑波大学名誉教授）や現地の研究者と一緒に、毎年のようにフィリピンの奥地を歩き回り、一〇年近くかけてやっと集めた血液試料からＤＮＡを取り出して保管した。

それを聞きつけた欧米の学者たちがしきりに、サンプルをくれと言ってくる。共同研究をしようと。しかし私にしてみれば、苦労して集めたサンプルを日本やフィリピンの人類学研究に役立てたい。ナショナリズムと言われるかもしれない。学問は世界に開かれなければならない。そういうのは簡単ですが、当事者としては釈然としない。しかも、欧米の研究者の中には横柄な者も多く、貴重な試料を集めた者への感謝の念が薄い。世界中のどこへ行っても自分たちの思い通りに研究できると思っている。

我々が集めたＤＮＡ試料は、東大・柏キャンパスの河村正二さんのところで「アジア人希少ＤＮＡ保管コンソーシアム（ＡＤＲＣ）」として、研究倫理委員会の承認を受けて保管されています。「どうしても研究させてくれ」と言われれば契約を交わし、共同研究をしますが、単に試料を提供することはしません。

山極　どういう目的で研究するかが重要ですね。昔は人種という概念があって、人類学者も、形態で人種を分けられると考えていましたね。世界中でサンプルを集め、一九世紀のパリ万博では、ピグミー系の人が展示されていた。これも大きな汚点として反省しなければなりません。

†金髪碧眼のネアンデルタール?――なぜ人類は短期間で多様化したか

山極 先ほど、イヌの品種の違いについて触れておられましたが、人類は短期間のうちに皮膚の色、目の色、髪の色、身長、体重が変化する現象を経験している。我々のようにゴリラ、チンパンジーを研究している者からすると、人間は外形的にあまりにも違いすぎる。

たとえば赤道アフリカの西と東に生息するマウンテンゴリラとニシローランドゴリラは一〇〇〇キロメートル以上離れたところに分布しているんですが、遺伝的な距離からすれば一七五万年ぐらい違う。もちろん別の種に分類されています。ところが動物園で見ると、二つの種のゴリラは一見すると違いがわからないぐらいによく似ている。でも人間の場合、一目で違いがわかりますよね。

先生が研究されたネグリト人とフィンランドやノルウェーの北欧人では、身長も肌の色も全然違うわけですが、遺伝的な距離は数万年ほどだと思うんです。これはいったいどういうことなんでしょうか。

尾本　今のスカンディナヴィア、バルト海から北海の辺りは、最終氷期、今から二万年ほど前には氷に閉ざされていて、人が住めるようなところではなかった。一万五〇〇〇年前ぐらいから氷が溶けだして、それまでドイツやフランス等にいたクロマニョン人の子孫が北上を始めた。これらの人々の間で「ブロンド現象」つまり金髪碧眼《へきがん》の個体が増えた。しかし、クロマニョン人の毛髪がはじめからブロンドだったとは考えにくい。

とはいえ「それは絶対にあり得なかったのか」と言われると困ります。昨年、ウィーンの自然史博物館を見学したところ、ネアンデルタール人の模型があって、その髪の色がブロンドでした。この頃、ネアンデルタール人がブロンドだったという説があるようです。ネアンデルタール人はそれほど北方にまで広がってはいなかったと思うのですが。

山極　先生はホモ・サピエンスのアウト・オブ・アフリカ以降になって、ブロンドの髪で青い目の白人が出てきたと考えておられるんですね。

尾本　そうです。ブロンド現象の原因には二つの可能性があります。まず、非常に強い淘汰が働いた可能性がある。肌の色が濃い場合、太陽光線が弱いとビタミンDの代謝が不十分になるので、「くる病」という骨の発達異常になる。バルト海やスカンディナヴィアでは、氷河が解けて発生した水蒸気によってできる雲のため、太陽光線が遮られたと考えられる。そのため、強い淘汰が働き、皮膚色がうすくなったのではないか。

もうひとつの可能性は、女性が男性を選ぶ時、金髪碧眼を好んで選んだ。これはダーウィンが提唱した性淘汰（sexual selection）です。しかし、具体的な根拠はないですね。

山極 でも今は逆ですよね。女性のほうは金髪・ブルーアイが好まれるけど、男性のほうはそうでもない。欧米でも地域によっては、黒髪や黒い瞳が好まれている傾向があるような気がします。

尾本 確かにそうですね。とにかく金髪で青い目の白人が増えたことに関しては、今言ったような二つの可能性があります。一万年程度の短期間に遺伝子が変化してブロンドになったとすれば、非常に速い進化になります。明治維新から現在に至るたった百数十年の間に、日本人の平均身長は一〇センチ以上伸びていますが、これは遺伝子の変化だけでなく、環境変化が原因ではないかと思います。

環境の変化が成長に影響したとすれば、食べ物など生活環境の変化によるのでしょう。さらに、私は灯りの変化にも注目します。電灯は明治初期に日本に入ってきて、一般家庭に普及したのは大正時代以降ですが、これはヒトにとって大きな変化です。目から入る光の刺激が、脳下垂体から出る成長ホルモンに影響を与える。このように日本人の身長がいくら変化しても別に驚きませんが、皮膚色の場合は遺伝子の変化なので急速な変化は不思議です。

2 人類と霊長類を分けたもの

†自己家畜化とネオテニー

山極　ところで先生は『ヒトと文明』で、エゴン・フォン・アイックシュテットが提唱した自己家畜化現象（セルフドメスティケーション）について書かれています。「自己家畜化現象」とは、人類が野生生物とは異なり、自らつくる文化的な環境によって身体的にも特異な進化を遂げたことをいい、自己をあたかも家畜のごとく管理する動物であるとの認識から生まれた人類学上の概念ですね。

物理的な環境だけでなく人によってつくられる環境（社会環境）も意図的につくられるようになってきた。人間以外の動物の場合、ひとつの種が利用するあるまとまった範囲の環境要因のことをニッチと言うんですけど、動物がつくる環境もたしかにあるんです。

たとえばホーンビル（サイチョウ）はつがいになるとオスがメスを木の洞の中に閉じ込めて巣の入り口を泥で塗り固め、そこで産卵させる。あるいはビーバーは泥や枯れ枝などを材料にして、川を横断するかたちの大規模なダムをつくってその中に住む。昆虫だとクモは巣を張ってワナをつくり、他の昆虫が引っかかるのを待っている。それがないと、彼らは生きていけないわけですから。人間もそれと同様に、ある時クモの巣のように身の回りのものを整え出し、そこから逆に強い影響を受け始めた。さらに、人間の社会環境も人為的につくりだせるようになった。自分ひとりで物事をやるのではなく、人にやってもらうようになった。これは、人間の身体的特徴を急速に変えたのではないかと思うんです。しかしそのような環境の変化は、人間にどのように作用したのか。たしかに家畜も、短期間のうちにガラッと変わりましたよね。

尾本　自己家畜化について言いたいのは、学問の歴史的発展について考える上で示唆に富むからです。また、ネオテニー（neoteny 幼形成熟）という概念がある。山極先生は講演の中で「ゴリラには子ども期がないけれども、人間にはある」とおっしゃいました。私はネオテニーを最後の研究テーマにしようと思って、七〇歳の時に葉山の総研大に行きました。

ネオテニーとは、ヒトのユニークな点はその成長・発育のパターンにあるという、興味深い考えです。自己家畜化もネオテニーも、二〇世紀の前半にヨーロッパのドイツやフランス、オランダの人たちが発表したアイデアです。ところが英国人は言葉の問題もあるでしょうが、あまり問題にしていない。ドイツ語の文献を読まなかったのか、嫌いだったのかわかりませんが。

今は英米の学問が主流派です。たとえばアメリカでは完全に英米の学問が支配しているわけですが、その一方でドイツやフランスの学問は昔ほど評価されていない。

自己家畜化現象とネオテニーがそのよい例です。拙著に書きましたが、自己家畜化現象は証明できるような問題ではない。ヒトと家畜の間に見られる類似現象をどう捉えるかというメタファーの問題です。身体的には、ヒトは咀嚼器官が縮小し、体毛が少なく、表現型の多様性が大きいなど、多くの家畜に見られる特徴をもっています。また家畜は人間が意図的に何らかの目的のために育て管理するものですが、ある意味では、現代人も文明という環境に合わせて自分を育て管理している。

現在地球上に「野生のヒト」はいませんが、一万年前にはすべてのヒトは「野生」でした。現代でもフィリピンのネグリト人のようなごく少数の遊動狩猟採集民は、生態・行動学的にかつての野生のヒトに近いと思われます。一方、文明人と言われる多数派の現代人はいろいろな面で家畜に似ている。自己家畜化現象は、メタファーとしてそういうことを言っているのです。

ネオテニーについてウィキペディアなどを見ても、これに関してほとんど書かれていない。英米系の学者が評価しないことがその背景にあるとみています。しかし、自己家畜化と違い、ネオテニーは今後のゲノム科学によって証明可能な問題だと思います。これこそ、分子人類学が取り組むべき最大で最後の宿題ではないか、と私は学生に言っているのです。

†類人猿とヒトは子ども時代が長い

山極　家畜にはネオテニー現象があるんですか？

尾本　家畜にも似たような現象があるかもしれません。姿かたちが変わらないというよりも、子どもの時期が引き伸ばされる。端的に言えば、大人になるのが遅れるということです。たとえばイヌには多様な形や行動特徴の品種がありますが、あの中にはもしかしたらネオテニーのイヌがいるかもしれない。専門家にぜひ聞きたいです。

山極　成長遅滞とネオテニーは関連しているとは思うんですが、そもそもこれらは違う現象です。成長遅滞は類人猿にもあります。サルと比べると類人猿は成長がずっと遅れるわけですが、幼形（幼児の時の形）と成形（大人になってからの形）はまったく違う。一方で先生がおっしゃるネオテニーは幼形成熟で、成熟しても幼形の特徴を残している。成長が遅れた結果として、そうなったんだろうと思うんですけど。

尾本　たしかに成長遅滞とネオテニーは同じではありませんが、私は、スティーヴン・グールドと同じで、これらは成長の異時性（ヘテロクロニー／異なる生物種の間で、個体発生に伴う形質の発現時期や発達程度に差が見られること）という現象の一面だと思っています。ただ、この概念には個体発生（オントジェニー）と系統進化（ファイロジェニー）を同時に考える立場があり、混乱しています。

ところで、山極さん、ゴリラの思春期は何歳頃ですか？

山極　八〜一二歳ぐらいですかね。

尾本　ヒトの思春期はだいたい一三〜一四歳から始まりますから、ゴリラよりも後ですね。ヒトの場合、子どもの時期が引き延ばされるわけですが、なぜそうなるのか。ヒトの成長研究の第一人者であるバリー・ボーギンは、成長期を「幼児期」「子ども期」「少年・少女期」に分け、それぞれ年齢も規定しています。幼児期は離乳から三歳ぐらいまで、子ども期は三〜七歳、少年・少女期はおよそ七歳から女子では一〇歳、男子では一二歳までです(Bogin, 1999)。

山極　ゴリラは三〜四歳で離乳しますから、人間の場合、離乳が早くなっている。これは重要なポイントですよね。

尾本　それは農耕の開始以後ではないでしょうか。

山極　いや、離乳期が早くなったのは二二〇万年ほど前からと言われています。お乳を飲んでいると、歯の成長を表す年輪（層）に違いが出てくる。それを調べてみると、離乳時期が早まったことがわかる。二二〇万年ほど前から離乳期の前倒しが起こっていることについては証拠が提出されています。

それではなぜ、このようなことが起こったのか。人類の祖先は、死亡率が高いところに出ていった。肉食獣が多く、高い木のような避難場所が少ないので捕食されたと思います。普通の哺乳類なら、高い捕食圧に対抗するために、一度にたくさんの子どもを産みます。サバンナ性の哺乳類には多産が多い。幼児死亡率が高いので、そのような方策をしないと生き残れなかったはずです。人間は類人猿と共通の祖先を持っていますから、もともと子どもの成長期は長かった。子ども時代が長いということは、出産間隔が長いということです。子どもを殺されてしまった場合、次の子どもを産んで育てるにはすごく長い時間がかかる。すると、早い段階で死に絶えてしまう。そのためサルにどんどん押されて、類人猿は数を減らしたわけです。

二〇〇〇万年前、類人猿は何十種類もいたんだけど、サル（モンキー）の種類は少なかった。しかしサルはいったんサバンナに出て成長を早め、多産になった。そして森林に戻ってきてから栄え、類人猿を追いつめた。地球環境が大きく変わった六〇〇万年ぐらい前、人類の祖先が類人猿の祖先と分かれてサバンナに進出し始めた。サバンナに出た時、類人猿の特徴だけを持っていたら生き残れなかったので、多産になったのではないかと。

近縁の種でサバンナ性のサルと森林性のサルを比べてみると、明らかに出産間隔が違う。サバンナモンキーは隔年か毎年子どもを産みますが、森林性のブルーモンキーなどは三年に一回ぐらいしか子どもを産まない。類人猿だとチンパンジーは五年に一回、ゴリラは四年に一回しか子どもを産まない。ヒトはそれより出産間隔を短くして子どもをつくるペースを速めないと、生き残れなかったと思うんです。死亡率が高いから、出産率を高めてもそれほど人口を増やさずに済んでいた。

ところが栄養状況が良くなり、出産間隔がさらに縮まってからは人口がどっと増えた。

人口増加の背後には食料革命があります。最初のうちは、食料自体を変えることはできなかった。食料の採取方法を工夫し、それを安全な場所で分配することによって人間は栄養状況を維持したわけですが、それだけでは駄目だったでしょう。やはり、出産率を高めなければ生き残れなかったと思います。それで死亡率を補うことができたので、サバンナという大きな外敵・捕食者が多いところで生き残れたし、人口も増やすことができた。ヒトのアウト・オブ・アフリカは、人口増がなければ不可能だったと思います。つまりホモ・エレクトスの段階で、すでに人口増がなければいけなかった。それをもたらしたのは出産率の上昇です。

尾本　その通りです。でも、なぜホモ・エレクトスの段階で人口増大が起きたのかは、今のところわかっていない。

†永久歯への生えかわりの遅さ

尾本　ただ、おっしゃったように、子ども期が長くなったということは自己家畜化の原因とは別だと思うのです。ボーギンの分類によると子ども期は三〜七歳で、これはちょうど歯が生えかわる時期と重なります。類人猿には子ども期がなく、歯の生えかわりが早い。

まず下顎第一大臼歯、やがて他の永久歯が出てくるわけですが、早く揃うのですよ。

山極　類人猿の歯が生えかわるのは三〜六歳ですね。

尾本　類人猿の子どもは群れの後を付いていって、親と同じものをバリバリ嚙んで食べる。

山極　類人猿の場合、離乳した時にすでに永久歯が生えている。

尾本　ところがヒトの場合、永久歯が生えてくるのが遅い。子どもを見ていればよくわかりますが、私の孫娘など小学校三年生（八歳）なのにまだ永久歯が生えそろっていない。二二〇万年前に何が起こったのか私にはわかりませんが、少なくともホモ・サピエンスの子どもではほぼ乳歯なので、親と同じに硬いものを食べられない。農耕が始まってからはお粥など柔らかいものを食べさせていたわけですが、それ以前は何を食べさせていたのか。自分で食べられないから、親が食べさせるしかないでしょう。嚙んで柔らかくしたものを「口移し」したかもしれないし、イモムシやハチミツなど、いろいろなものが考えられますが、この問題は面白いですよ。

山極　たぶん火は使ったと思います。ネアンデルタール人も火を使ってましたし。

尾本　調理して柔らかくする？

山極　おそらく叩くんでしょうね。叩いたり火を使って柔らかくするということが、かなり行われていたと思います。

尾本　そうすると、動物の髄なんかを子どもに食べさせていたのかもしれませんね。

山極　骨髄はすごく柔らかいから、加工せずに与えることができたと思います。骨髄は、かなり昔から食べてますからね。

†なぜ研究対象にゴリラを選んだか

尾本　ちょっと話題を変えましょう。いまこうして京大の総長室で先生と対談をしているわけですが、ゴリラの大きな写真が飾ってあることに感激しました（第四章扉参照）。この間、日本学術会議で吉川（弘之）元会長と雑談していて「山極先生を総長に選んだ京大は偉い。東大では、とても考えられない」と言いました。東大総長がこのような写真を飾ったとしたら、たぶん事務方がやってきて「ゴリラはちょっと困る」などと言われるような気がします。宇宙ロケットか何かの写真ならいいかもしれない。

ところで、ひとつうかがいたいのですが、山極さんはなぜチンパンジーではなくゴリラを研究対象に選ばれたんですか？

山極　それにはいくつか理由があるんですけど。

尾本　今西さんはゴリラから始められましたね。

山極　ぼくの直近の先輩たちがみんなチンパンジーをやっていたので、それとは違うものをやりたいと思った。それが一番大きな理由ですね。

①ゴリラ、②チンパンジー、③オランウータン、④ボノボ（写真：①②④山極寿一、③田島知之）

それから、チンパンジーは人間を超えている感じがしなかった。ゴリラは人間とはちょっと違っていて、ある意味で人間を超えている感じがしたんです。チンパンジーをやってても、人間が到達したことしかわからない。ゴリラをやったら、人間がまだ到達していないことがわかるんじゃないか。そう感じたので、ゴリラを選びました。

尾本　こんなこと言ったら笑われるか、叱られるかもしれませんが、私もチンパンジーよりもゴリラが好きなのです。大型類人猿にはオランウータン、チンパンジー、ボノボ、ゴリラの四種類があり、ゲノムの研究により、これらはすべてヒト科に属することがわかった。遺伝子がごく似ているから、分類上同じグループである、と。私はこの見解にはちょっと引っかかるのですが、「分類学はそういうものか」と思っていた。

でも、イギリスの霊長類学者ジェーン・グドールにしても京大の松沢哲郎先生にしても、どうもチンパンジーだけを愛慕しているような気がする。たぶん私の偏見でしょう。「ゴリラのほうは山極さんに任せておけ」という感じです。オランウータンについては、他の三種にくらべて研究が少ないように思います。外観的には、かなりテナガザルに似ていますね。

問題は、オランウータン、チンパンジー、ボノボ、ゴリラの中でチンパンジーは例外的な存在ではないかと思うのです。同種内で殺し合いがあり、肉食をするのはヒトを除けばチンパンジーだけでしょう。他の連中はみんな純粋な菜食主義者で、争いが少ない。チンパンジーは、ヒト科の中で例外的なのか、それともヒトと特に似ているのか。

山極　チンパンジーというのは派生的ですよね。ぼくはしばしば、次のように系統樹を描きます。共通の進化の太い道からまずテナガザルが分かれ、それ以降はオランウータン、ゴリラ、人間という順で分かれる。最後にチンパンジーとボノボが分かれる。つまり人間を最終点ではなく、ゴリラとチンパンジーの間に置くわけです。性の特徴を見るとチンパンジーとボノボは派生的で、人間やゴリラ、オランウータンとはかなり離れた特徴を持っている。

†チンパンジーの特異な性行動

尾本　直感的に、遺伝子は似ているかもしれないが、チンパンジーは人間とは非常に違うという気がしてならないのです。擬人化ならぬ擬猿化、つまり我々の中にサルを見出すというのはいいと思います。しかしジェーン・グドールや松沢先生は、チンパンジーを特別視しているような気がするのです。『ネイチャー』にヒトとチンパンジーの遺伝子が九八パーセント同じとの発表があってから、「チンパンジーは人類だ」と言われるようになった。

さらに驚いたことに、「チンパンジーの人権問題」などという人たちも出てきて、二〇一五年、アメリカの動物愛護団体「ノンヒューマン・ライツ・プロジェクト（Nonhuman Rights Project）」は、ニューヨークの大学で研究用に飼われている二頭のチンパンジーの「人権」をめぐって裁判を起こした。彼らは「チンパンジーは人類と同じヒト科に属するのだから、虐待するなどとんでもない」と主張しました。

チンパンジーの性皮の腫脹（写真：山極寿一）

その後、ジェレミー・テイラーの『われらはチンパンジーにあらず――ヒト遺伝子の探求』（二〇一三年）という本が出ました。私はこちらの説に賛同します。あとジャレド・ダイアモンドの『人間はどこまでチンパンジーか？――人類進化の栄光と翳り』（一九九三年）という本がありますね。日本では英米の学者が書いた翻訳本がよく売れるようですね。ジャレド・ダイアモンドも人間のことを「第三のチンパンジー」と呼んでいますが、なぜチンパンジーだけを擬人化するのかわからない。

私はこの人たちに、「チンパンジーは人類だとおっしゃるなら、パンツを穿かせてください」と言いたい。メスのチンパンジーは排卵日が近くなるとお尻が大きくピンク色に腫れあがる。ヒヒなど他の霊長類にも見られますが、ヒトに近い類人猿ではチンパンジーだけに見られる現象です。三二日ほどの周期の中でお尻が腫れているのは一二日程度で、この期間に交尾を行う。とにかくその間はメスのお尻が赤く腫れて非常に目立つ。チンパンジーの行動上重要な特徴なのでしょうが、人間からすると、目をそむけたい。チンパンジーの研究者だった故西田利貞さんが、ある時「子どもを連れてチンパンジーの映画を見に行ったんですが、子どもに『あれ何?』と質問されて困った」と言っていました(笑)。

一方ゴリラには、そういう現象が全くない。私など、人間の感覚ではゴリラはチンパンジーよりも上品(?)です。なお、拙著でR・V・ショートという生理学者の古い論文から引用して「ゴリラのペニスは伸びた時でも四センチほどしかない」と書いたのですが、本当でしょうか?

山極　ええ、そうですよ。ペニスばかりか、睾丸もとても小さいです。

尾本　そのショートの論文に面白い図がのっていたので、転載させてもらいました。ヒトのペニスは伸びると平均一三センチと長いが、ゴリラはあの大きな身体にもかかわらずペニスの長さはわずか四センチほどで、粗々たるものです。一方、チンパンジーは、人間よりも大きな睾丸を持っている。

山極　体重に対する睾丸の比率は人間が〇・〇六パーセント、ゴリラは〇・〇一パーセントですから六分の一です。それに対してチンパンジーは〇・二四パーセントですから、人

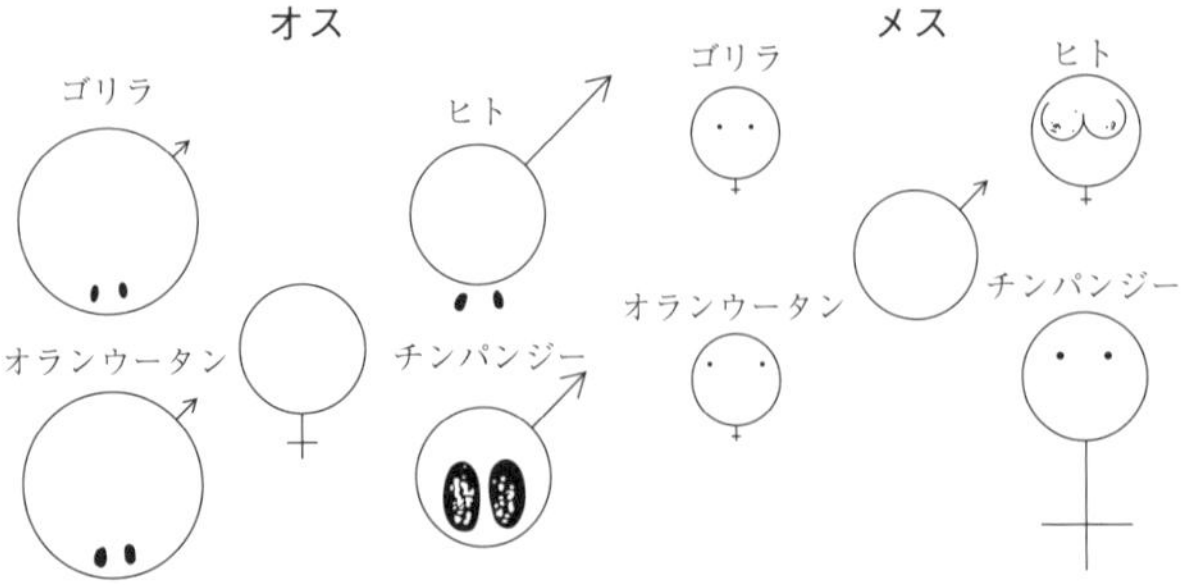

ヒトと類人猿の性器の相対的大きさ
左がオス、右がメス。矢印はペニスの、＋はヴァギナの大きさを示す（『ヒトと文明』p 49 より。Short ら、1976 年）

間の四倍近いですよね。

尾本　だからチンパンジーのセックスはすごい。乱婚制ですから、相手かまわず片端から交尾する。

山極　先生は「性行為の頻度が最も高いのは人間だ」と書いておられましたけど、じつはチンパンジーのほうが高いです。チンパンジーの場合、ペニスを挿入してから射精に至るまで平均六秒しかないので何度でもやれる。そのために、あんなに睾丸が大きくなっているわけです。これは最近古市《ふるいち》剛史《たけし》さん（京都大学霊長類研究所教授）たちが調べてわかったことなんですが、なんとチンパンジーのメスは妊娠するまでに一〇〇〇回近く交尾するんですよ。つまり、そのぐらい頻繁に交尾をするし、妊娠しにくいわけです。

尾本　六秒ですか。じゃあチンパンジーのメスは、オルガスムなんていうものは感じないわけだ。かわいそうに（笑）。

山極　感じるようですが、一瞬でしょうね。

†オランウータンのネオテニー

山極　性交の時間が一番長いのはオランウータンで、平均一〇分です。

尾本　へえ、驚きました。実は、小三の孫娘が私に似たのか、昆虫や動物が大好きです。オランウータンを見たいというのでシンガポールに連れていきました。シンガポールの動物園にはオランウータンがたくさんいる。母親が高いところに座って下を見ていると、子どもが地面ででんぐり返しをしたりして、とても可愛い。孫は大喜びでした。

オランウータンは実に不思議な、とても興味深い類人猿ですね。アフリカのゴリラやチンパンジーに比べて、こちらはアジアにいるからか、今まで研究が不足していたように思います。ゲノムはもちろん、生態や行動のことについても……。類人猿の中で、いま最も絶滅が危惧されているのはオランウータンでしょうか？

山極　いや、たぶんマウンテンゴリラでしょう。もう八〇〇頭あまりしか生き残っていませんから。ただ先生が先ほど言ったネオテニーという説を証明するには、オランウータン

左　オランウータンのフランジオス（写真：田島知之）
右　オランウータンのアンフランジオス（写真：田島知之）

が一番いい。オランウータンのオスには二型（タイプ）あって、フランジオス（顔の両脇に出っ張りがあるオス）とアンフランジオス（顔の両脇に出っ張りがないオス）がいるんですが、アンフランジオスは幼形なんですよ。

尾本　それは知りませんでした。性的二型なのですか。オスにはみんなフランジがあるのかと思っていた。

山極　アンフランジオスは成熟しても幼時の特徴を残している。それはけっこう年を食ってるんですけど、縄張りをつくらない。縄張りオスはフランジをもっているんですけど、その縄張りオスが死んでアンフランジオスが縄張りオスになると、数カ月以内にフランジがボコッと出てくる。ですから社会的なプレッシャーが、幼形を維持させているわけです。

尾本　それは面白い。その研究は誰がやられたのですか？　以前、河村正二さんも興味をもっていましたが。

山極　日本人では一九五〇年代にボルネオで川村俊蔵先生が始めて、鈴木晃さん（元京都大学霊長類研究所助手）や何人かの研究者がいくつかの場所で長期研究をしています。うちの大学院生、田島知之君もここ数年ボルネオでやっています。

尾本　いま先生が話された研究は、どなたのものですか。

山極　これはだいぶ前、欧米の学者たちが発見したことです。人類学者のルイス・リーキーが大型類人猿の研究者としてフィールドに送り込んだ三人の女性研究者は「リーキーの三姉妹」と呼ばれています。ジェーン・グドールはチンパンジー、ダイアン・フォッシーはゴリラ、ビルーテ・ガルティカスはオランウータンを研究していた。このうちガルティカスが、ぼくが今言ったような現象を発見しました。それが一番面白いんですよ。

尾本　私はオランウータンについては不勉強なのです。最近の研究をもっと知りたい。

山極　日本では今、久世濃子《くぜのうこ》さん（国立科学博物館）や金森朝子《ともこ》さん（京都大学霊長類研究所）が最も詳しくオランウータンの研究をしてますよ。

まとまりのいいゴリラの集団（写真：山極寿一）

尾本　久世さんの名前は聞いていました。是非会ってみたいと思います。

山極　オランウータンに似てるし、考えもオランウータン的で面白い人ですよ（笑）。

尾本　大型類人猿で、私が一番惹かれるのはゴリラとオランウータンですね。

†類人猿のゲノムの違い

山極　社会性から見ても、ゴリラというのはとても抑制のきいた社会をつくっています。

尾本　殺し合いがないのでしょう。ただ力が強いから、ぶつかったら怪我をしませんか。

山極　まあ、ぶつかることはたまにありますけど。

尾本　縄張りはないのですか？

山極　ないです。縄張りがなくて、家族的なまとまりのいいグループをきちんと保っているというのは面白いですよね。

尾本　みんな仲良しで。先生のお話を聞いていると、もしかしたらゴリラのほうが人間よりも進んでいるのかもしれないと思います。

山極　類人猿は、人間が持っているさまざまな特徴を別々に持っていると考えてもいい。人間はそこから、いろいろなものをもらっている。

尾本　なるほど。それで古市剛史さんの『あなたはボノボ、それともチンパンジー?』（二〇一三年）のような本が出る。四種類の大型類人猿はみんな独特ですね。

山極　実際にゲノムを見ても、チンパンジーと人間では一・二パーセント、ゴリラと人間では一・四パーセント違う。ここでは違いばかりが強調されていますが、そのほかは全部一緒なわけでしょう。ヒトゲノムの三分の二はチンパンジーに最も近いですが、残りの三分の一はゴリラと近いですから、チンパンジーと人間の類似性だけを考えるのでは不十分です。ヒトゲノムのうち一パーセント（三〇〇〇万塩基に相当）は、チンパンジー、ボノボ、ゴリラより、オランウータンに近いですから、オランウータンやゴリラと共通する遺伝子が、人間の何を表しているのかを研究することも重要だと思いますけどね。

尾本　おっしゃる通り、チンパンジーとヒトではゲノムの塩基配列が一・二パーセントしか違わないといわれる。しかし、前に述べたことの繰り返しになりますが、「だからチンパンジーは人類だ」という単純な話はいかがなものかと思います。分類学だけを信じてはいけない。よく考えてみれば、問題ははるかに複雑ですよね。

ゲノムのA（アデニン）、G（グアニン）、T（チミン）、C（シトシン）の塩基配列が比較されているのはタンパク質を造る遺伝子部分です。それだけで生物が形作られるわけではない。問題はあくまで、遺伝子がいかに「発現」されるかですよ。今までは塩基配列をただ読んでいるだけで、ゲノムのどの部分がどのように働いて実際の形質が発現しているのかは、まだよくわかっていない。

かつて、タンパク質の一次構造（アミノ酸配列）を決定する遺伝子を「構造遺伝子」、構造遺伝子の形質発現を調節する遺伝子を「調節遺伝子」と言っていました。構造遺伝子のことはよく解明されています。ヒトとチンパンジーの構造遺伝子はたしかにほとんど同一といってもよい。ですが、調節遺伝子というものがあるなら、ヒトとチンパンジーではそれが違うだろう。それでは調節遺伝子とはいったい何か。ヒトの調節遺伝子はどれかと言われても、単一の遺伝子があるわけではない。

ところが最近、面白いことがいろいろとわかってきています。ヒトゲノムの塩基数は約三〇億ですが、タンパク質を造る遺伝子はたった二万個ぐらいです。そのほかの、ゲノム――または染色体と言ってもいい――の大部分を占める塩基配列はタンパク質を造らないノン・コーディング領域です。どんな役割を果たしているのかわからないので、進化の過程で出たゴミのようなものと言われてきた。

でも役割のないものが何千万年も保存されるはずがない。それらの遺伝子にも何か機能があるはずと考えるのが自然でしょう。具体的に何をしているのか、まだよくわかっていませんが、ここに遺伝子の発現や調節をつかさどる機能があるのではないかと想像することができます。ノン・コーディング領域は染色体の大部分を占めますが、ここにごくわずかな変化が起きても身体や行動に大きな変化が起こることが知られています。例えば、第21番染色体はごく小さいのですが、これが一個余分になるだけでダウン症になります。

今、私が一番知りたいのは、成長をつかさどる遺伝的プログラムです。ある個人を対象とし、仮に一歳・二歳・三歳・四歳とゲノムの塩基配列を調べていたら、毎年同じ結果が出るでしょう。当たり前のことで、ある日突然ゲノムが変わったら大変です。でも、子どもは成長して形態も行動もどんどん変わってゆく。当然、その変化は何らかの遺伝的変化によるものですが、ゲノムの単純な比較では、子どもと大人では何も違わない。

これについてはいろいろな考え方があるのですが、たとえば『動的平衡――生命はなぜそこに宿るのか』(二〇〇九年)の著者で独創的な生物学者の福岡伸一さんは次のような仮説を立てています。ゲノムは細胞の核の中にありますが、核の外の細胞質の中に特別な役割を持つRNAがあり、これが核内の遺伝子発現のスイッチを押しているのではないか。RNAがスイッチをオンにするか、オフにするかを決める。そういう役割が細胞全体の中にプログラムされているのではないか。

とにかく、いろいろな可能性が考えられます。そのメカニズムを解明したら、ノーベル賞も夢ではない。「人類学者が仮にノーベル賞をとるとすれば、これだ。平和賞は別だが」と学生に言います(笑)。しかし、みんな夢がなくて、すぐに論文になることしかやらない。

第四章

ゴリラからヒトを、
狩猟採集民から現代文明を見る

京都大学総長室に飾られているゴリラの写真

1　ゴリラからヒトを見る

†二十数年前の交友を覚えていたゴリラ

尾本　山極さんは「ゴリラから人間を見る」というテーマで研究してこられました。一方私のテーマは「狩猟採集民から現代文明を見る」です。我々には物事を「相対化」して理解する点で、相通じるところがあると思っています。

なぜ私が狩猟採集民をテーマにしているかについては、おいおいお話ししていくことにして、山極さんが研究しておられるゴリラについてうかがいたい。学界ではチンパンジーの研究のほうが圧倒的に多くて、ゴリラの研究をされている山極先生は少数派ですよね。ルワンダで殺されたダイアン・フォッシーのような著名なゴリラ研究者もいましたが。

これは先生に疑問を呈するようで失礼なのですが、ルワンダの山奥で、二十数年ぶりに会ったゴリラが先生のことを覚えていたというエピソードがありますね（『野生のゴリラと再会する――二十六年前のわたしを覚えていてくれたタイタスの物語』二〇一二年）。もちろん本当の話でしょうが、どういうかたちで覚えていてくれていたのですか？

山極　そのゴリラはタイタスと言うんですが、彼らは言葉を持っていないので「やあ、お前か」なんて言ってくれるわけではない。これははっきり確信したんですけど、ぼくが見ている間に彼は子どもに戻っちゃったんですよ。

尾本　それはどういうことでしょう？

山極　ぼくは、タイタスが子どもだった時に付き合っていた。二六年も経つと向こうは三四歳になっていますから、もう老人です。ぼくも彼と付き合っていたのは二八歳の時だから、その時と比べるとだいぶ年を取っていた。久しぶりに会った時、彼はぼくのことをちらちら見るんですけど、ぼくが誰なのかわからなかった。観光客として会いに行ったので、観光の規則で彼とは一時間しか会えないし、七メートル以上離れて観察しなければなりません。

初日は思い出してくれなかったんですけど、ぼくは一日あけてもう一度彼に会いに行った。そうしたらすぐに向こうからすっと近づいてきて、ぼくの顔をまじまじと見つめたんです。だからこっちも、少し離れて挨拶をした。彼が挨拶に答えたとたん、顔がどんどん変わっていって子どもっぽくなった。つまり、あどけなくなるんですよ。実際に会っている時にはわからなかったんですけど、あとでビデオを見てそのことに気づいた。ぼくのそばでNHKがビデオを撮っていて、顔をアップで映してくれていたので。

子どもっぽくなると、彼は仰向けになって寝始めた。それは彼が小さい頃、よくやっていたことでした。ゴリラのオスは大きくなると胸郭が張ってお腹が飛び出してくるから、仰向けに寝たら苦しいわけですよ。だから普通は仰向けに寝ないで、うつぶせになったり横向けになったりする。タイタスはその時、子どものように仰向けになって寝始めた。あと、近くで子どもが二頭遊んでたんですけど、そこに入っていってゲタゲタ笑い声を立てながら遊び始めたんです。

尾本　ゴリラが笑い声をあげる？

山極　ええ。でも大人はめったに笑い声を立てない。

尾本　『ヒトと文明』で「涙と笑いはヒトの特徴だ」なんて書いてしまったのですが、ゴリラも笑うのですか。

山極　ええ、チンパンジーもゴリラも笑います。笑い声も立てます、涙は流しませんが。

尾本　それは驚いた。知らなかったのは恥ずかしい。

†子ども時代の記憶がよみがえる

山極　でもそこから先がポイントです。子どもはよく笑うんですけど、大人はめったに笑わない。ところがその時、タイタスは子どもと一緒に転げまわり、子どものように声を立てて笑っていた。つまりそこでは、子どもに戻っているわけです。

尾本　でも先生は、前々日にそのゴリラに会われているわけでしょう。その時に友好的な態度で接したので、二回目は前々日のことを思い出して笑ったのではないですか？

山極　そう思われるのはもっともなんですけど、たとえば人間でも、認知症にかかられた方は目の前の人のことがわからないんだけど、昔自分がよく使っていた筆箱やお人形を見ると、子ども時代に戻ってしまうという現象がしばしばある。

尾本　それはわかります。我々のような年寄りは最近の記憶がなくなるくせに、とんでもなく昔の記憶は鮮明に残っていることがある。たとえば、幼稚園の時にあったこととか。

山極　たぶん、そういう感じだと思うんですよ。

尾本　子どもの頃、お腹をくすぐったりした？

山極　いや、ぼくはタイタスと一緒にくんずほぐれつで遊んでましたから。

尾本　では、その記憶がよみがえったのかも。人間だと目で見て、言葉で「何々さん」と言う。ゴリラの場合はそうではなくて、身体の接触の記憶が呼び起こされるのでしょうか。

山極　身体ごと昔に戻るというのがすなわち、思い出したということなのではないかと。

尾本　それはすごいですね。山極先生はこのことを英語の論文にも書かれていますか？

山極　いや、一回しか見てないですからね。それでは論文にならないのです。しかも、タイタスの反応を基に、彼がぼくを思い出したと言っても説得力のある証拠にはなりません。どうしてもぼくの憶測が入っていると言われてしまう。ぼくらは一回しか起こらない現象を相手にすることがある。たとえば子殺しなんかもそれに近いですね。わずか二、三例しかないところからいろいろな類推を働かせる。しかしそういうことは繰り返されないので、科学論文に書くのは難しい。

尾本　でも、今のお話を聞いて感激しました。申し訳ありませんが少し疑っていた（笑）。

山極　タイタスは無邪気に遊んでて、途中ではっと気が付いたように子どもを押し戻し、じーっとぼくのことを見始めた。きっとその時、我に返ったんでしょうね。それがあまりにも劇的だったものだから「ああ、戻ったな」という感じで。身体ごと過去に戻ったんだけど、また我に返って現実に戻った。そんな感じがしたんですよね。ビデオを繰り返し見て「おお、そうか」と気が付いたんです。

†シミュレーションするゴリラ

山極　ゴリラに関しては、もうひとつ話があります。これはぼくが体験したことじゃないんだけど。アメリカの動物園で、あるメスのゴリラが子どもの頃に飼育していた飼育係が他の動物園に行き、一五年後に戻ってきた。しかも姿を見せずに、声で名前を呼んだんです。そのゴリラは大人になって赤ちゃんを産んでたんだけど、その赤ちゃんを抱いて一目散に飛んでやってきて、その飼育員に見せた。

ぼくには、その現象がすごくよくわかるんです。ぼくと久しぶりに会った時、タイタスは最初はぼくのことがわからなかった。一日以上経ってまた会いに行った時、タイタスはすっとぼくのところに来た。ぼくと声で挨拶を交わしたのがきっかけです。タイタスは声でぼくを思い出したんじゃないかな。先生がおっしゃるようにタイタスは一日目にぼくと会った後、「あれは何だったのか」と考えていたんですよ。

日本でも、それと同じような話があるんです。京都市動物園に、札幌の円山動物園から来たゴンちゃんというオスゴリラがいた。ゴンちゃんは子どもの頃から、木に登ったことがなかった。だからタワーに登らせてやろうということで、新しくタワーをつくった。それでゴンちゃんがタワーに登れるように、タワーの上に好物のブドウを置いたんですよ。その他にメスと子どもがいたんだけど、ゴンちゃんだけは木に登ったことがない。

ゴンちゃんが初めてタワーに登るかもしれないということで、京都のテレビ局が待ち構えて撮影しようとしていた。ところがメスも子どももすぐにタワーに登ってブドウを取ったんだけど、ゴンちゃんだけは登らない。「これは登らないかなぁ」と誰もが思った。二時間待っても状況は変わらなかったので、テレビ局はあきらめて引き揚げようとしたんですけど、そのとたんに登り始めた。ためらいもせずにスーッと、しかも見事に登ってブドウをつかんで下りてきた。

ゴンちゃんはメスや子どもが登る様子を見ながら、どうやって登ったらいいのかということをシミュレーションしながら考えていた節がある。恐る恐る登ったのではなくスーッと登ったということは、自信が付いたわけですよ。ゴリラの行動にはそういうタイムラグがある。

尾本　テレビ局の人たちがあきらめて帰っちゃったから、登ったわけではないのですね。

山極　いいえ、彼らは帰ろうとしただけです。それはゴンちゃんにはわからなかったと思います。

尾本　人間に見られているから登らない、ということもあるのかなと。

山極　いや、それはないですね。毎日いろんな人々に見られているわけだから、そこで臆したりはしません。オランウータン、ゴリラ、チンパンジーを比べてみるとチンパンジーは試行錯誤的で、失敗してもすぐに何かを始めるんですよ。そうやっていろいろやっているうちに正解にたどり着く。一方でゴリラ、オランウータンはなかなか行動に移さないんですけど、実際に始めた時にはもう正解に到達している。類人猿の間には、そういう違いがあります。

†ゴリラのシンパシー能力

尾本　先生の本にも書かれていますが、次のような有名なエピソードもありますね。一九九六(平成八)年八月、イリノイ州にあるブルックフィールド動物園で、ゴリラの展示ブースの柵から三歳の子どもが転落した。柵は一〇メートル近くの高さがあり、転落した子は意識を失ってしまった。その時一頭のメスゴリラが子どもに近づいて抱き上げ、飼育員がいるところまで運んだ。あれはすごい話ですね。ゴリラはもともと気が優しく、縄張りがなく、個体は仲間意識でつながっている。一方でチンパンジーは乱交・競争状態にあるから、思いやりなどはあまりない？

山極　これは認知能力の問題ではないんですが、やはりシンパシーという点では大きな違いがありますね。チンパンジーは相手の気持ちを理解できるけれども、なかなか助けてやろうとはしない。一方でゴリラは、相手のことを助けてやろうとする。特に子どもの場合は誰もが助けようとする。そこが大きな違いだと思います。

尾本　それには、脳のどの部分が関係しているのですかね。まさか脳と関係なく、身体が自然に反応してしまうのではないでしょう。やはり脳の問題ですよね。

山極　今、イヌの認知研究が進んでいます。イヌは人間に極めて近い認知能力を持っているので、苦境に立っている人間の状況をよく理解し、それを一生懸命助けようとする。

尾本　ただイヌは家畜ですから、人間の都合がいいように造られている。ゴリラは野生動物ですからイヌとは全然違います。

山極　イヌの祖先はオオカミと言われていますが、オオカミから分化してシンパシーという特殊な能力が伸びるように品種改良が行われてきた。その可能性はあると思いますね。

尾本　いやぁ、ますますゴリラが好きになってしまいました（笑）。

山極　ゴリラは認知実験にはなかなか使えないんですよ。チンパンジーは人間に協力して何かをしようとするから実験に向いている。この違いは教育面で大きな差となって現れる。教育では、必ず上下関係が生じます。生徒になる者は教師が言ったことに従わなきゃいけないでしょう。チンパンジーは、従うのがけっこう好きなんです。だから人間が出した課題を一生懸命解決しようとする。でも、ゴリラは従わないから、教育が成立しない。

尾本　チンパンジーには順位性がありましたっけ？

山極　チンパンジーには優劣に準じて行動する能力がありますが、ゴリラにはそれがない。

尾本　そこが大きな違いですね。

山極　野生のチンパンジーを見ていると、次のような現象が見られます。リーダーの力の強いオスがやってくると、パントグラントと呼ばれる特有の発声で挨拶をする。その挨拶をするために、リーダーにわざわざ口を近づけます。これはへつらいの挨拶です。ところがゴリラは優劣に準じた行動をすることがないので、挨拶も対等で、たがいに近づいて見つめあいます。ゴリラに認知実験ができないのは、教師を自分より上の存在として認めないからです。つまり彼らは、相手の言う通りになることが嫌いなんですね。何かを教えようとすると、その裏をかこうとする。チンパンジーと同じように相手の意図はわかってるんだけど、その通りにしない。だから実験にならないんですよ。

尾本　それはすごい話ですね。初めて聞きました。

2　狩猟採集民から現代文明を考える

†なぜ狩猟採集民に目を向けねばならないのか

尾本　私がなぜ狩猟採集民を重視するのか。現代人同士がいくら考えても、現代文明を相対化することはできない。こう言うと誤解があるかもしれませんが、狩猟採集民は農耕が始まる前の文化を継承している。農耕の開始以降にできた現代文明を受容しなかった人たちです。

英語圏、特にアメリカの学者は「農耕民と狩猟採集民という二項対立はおかしい。そこには必ずスペクトルみたいに中間のものがいくらでもある」と言います。もちろん、中間的なものはあるでしょう。作業仮説としてまず二項対立を持ってきて議論を重ね、「やはり二項対立はおかしい」という結論に達するならいいのです。ところが今はそうではなく、最初から「二項対立はおかしい」と言う。特にアメリカでそういう風潮がありますね。

ドイツやフランスでは、狩猟採集民（ハンター・ギャザラー）という言葉が一般的に使われています。私は二〇一五年にウィーン大学で開催された「狩猟採集民社会の国際会議（CHAGS）」に出席しましたが、この語が正式に使われていました。ところがアメリカの文化人類学者は狩猟採集民とは言わず、フォーレジャー（forager 食料獲得者）およびコレクター（collector 食料を集める人）だと言う。これはおそらく「農耕民と狩猟採集民」という二項対立はおかしいということなのでしょう。

しかし一方で、イギリスの文化人類学者ヒュー・ブロディは「農耕民と狩猟採集民という二項対立は、作業仮説として必要だ」と言っている。それはなぜか。一万数千年前、ヒトはすべて狩猟採集民だった。それ以降、世界のあちこちで農耕が始まり、都市文明が起こる。農耕民は人口をどんどん増やし、世界中に広がっていった。いまでも狩猟採集民は、数は少ないが世界中に分布している。現在、狩猟採集民がほんの一部しか残っていないのは、農耕民がそこに植民したからです。埴原和郎が提唱した二重構造モデルというのがあるでしょう。縄文人と弥生人の関係です。実は同じことが世界中で起きたわけですよ。

またヒュー・ブロディは次のようなことも言っています。まず、農耕民と狩猟採集民が「同時代人」であることを認識せねばならない、と。多くの人は、狩猟採集民が進化して農耕民になったと思っているが、それは違う。「野蛮から文明へ」という考えに影響されてはいないか。狩猟採集民は農耕民と歴史は違うが、一緒（同時代）に住んでいるのです。二番目に、狩猟採集民は「遊動生活者（ノマド）」で、農耕民は定着しているというのもまた大きな誤解である、と。分布を見ても、農耕民が世界中にどんどん広がっていったことは明らかだ。土地を守って定着しているのは狩猟採集民のほうで、農耕民こそ遊動民である。

　上の地図は『ヒトと文明』に載せた、世界中で狩猟採集民が現在どれだけ残っている

世界の狩猟採集民の分布
（『ヒトと文明』p 142 より、Lee & Daly, 1999 改変）

かを示したものです。私が実際に数えてみたところ、世界中に現在残っている狩猟採集民はわずか約七〇万人ですよ。それに対して今の世界人口は七〇億ですから、狩猟採集民の占める割合はわずか〇・〇一パーセントにすぎない。農耕が始まった約一万年前の世界人口の推定をした人口学者がいますが、それはだいたい五〇〇万ないし七〇〇万人です。今の世界人口は約七〇億ですから、農耕民の人口がほぼ一〇〇〇倍に増えたことになる。一方、狩猟採集民の方は、一〇分の一ぐらいに減っている。

ブロディが三番目に言うことは、バイブルに描かれているのは農耕・牧畜民の歴史であって、狩猟採集民は一切無視されている。皆さん、このことに注目しなければならない、と。

山極　まったくもって同感です。要するに、自然と人間の関係が変わってしまったんですよ。もちろん今でも、狩猟採集民は存在している。ぼくがゴリラの調査をする際に一緒に仕事をするのは、基本的に狩猟採集民ですから。

†何でも平等に配分する狩猟採集民

山極　彼ら狩猟採集民にとって自然と人間は平等で、支配・被支配の関係ではない。農耕では自然を自分たちの手で整理し、人工的な食料環境につくりかえる。それは神によって許された行為だったんですね。

尾本　一神教ではそうですね。

山極　その時から自然の頂点に立つのは人間であって、農耕は神から許された行為だった。ただし神から許されたものであるからこそ、収穫物を神に与えなければならない。そういう貢ぎ物をするという考えが生まれた。実はそこから、人間が人間を支配するという考え方も出てくるわけです。狩猟採集も農耕も男女の区別なく労働ができるんだけど、実際にはそれぞれ違うことをやっている。狩猟は男がやり、採集は女がやる。どこの狩猟採集民にもそういう区別があります。

一方で農耕民の場合、男女の役割分担をするだけでなく男が女を支配する。つまり平等な分配ではなく、支配・被支配の関係に基づいて区別されていく。さらには職能集団ができ、ある集団が他の集団を奴隷として支配する。そのように変化していくわけですが、支配・被支配の関係に基づいて区別するという方向性は、そのへんでだいたい決まったような気がします。

尾本　先ほど先生は、ゴリラにはあまり上下関係がないとおっしゃいました。私は現代文明を相対化するために狩猟採集民を選んだわけですが、これにはいろいろと先人がいました。ジャン゠ジャック・ルソーの『人間不平等起源論』(一七五五年)以来、欧米では狩猟採集民を文明に毒されていない「高貴な野蛮人」と見なす傾向があった。しかし、それに対する反作用も強く、狩猟採集民の平等主義を否定する人がいる。

私は、フィリピンのネグリト人と呼ばれる狩猟採集民の調査をしました。彼らの平等主

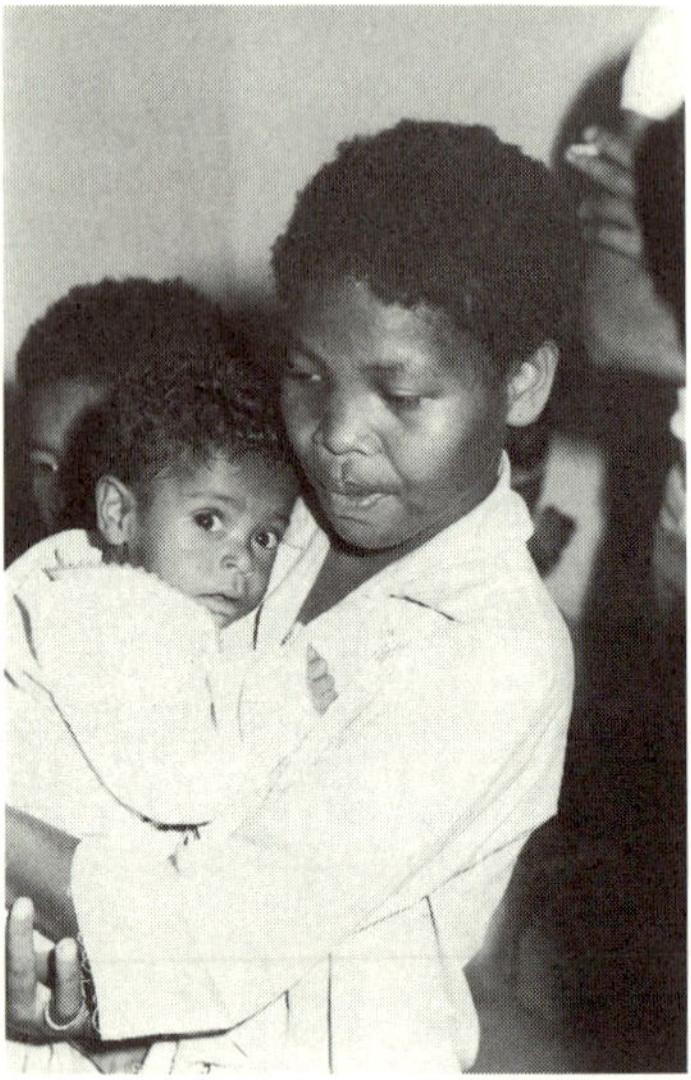

ネグリト人アエタ族の母子（ルソン島バターン半島にて、尾本恵市撮影）

義は徹底しています。食べ物でも何でもみんなに平等に配分する。私は最初の頃、よく知らなかったものだから大失敗をやらかした。リーダーにお土産として日本人形をあげたが、彼は変な顔をしていて喜ばない。考えてみれば、人形は分配できないからです。私はそれを見て「しまった！」と思って、次回からは平等配分できるお米を持っていった。するとすごく喜ばれた。

　彼らの社会では、原則として階級はなく、リーダーは尊重されるが、物持ちでも権力者でもない。今おっしゃったように、文明下の人間社会では権力によって上下関係が生じ、制度として身分制が確立されている。ところが狩猟採集民には、そういう上下関係がない。リーダーはいますが、これを「階級制の始まり」と考えるのは誤りでしょう。リーダーは動物社会では普通のことで、階級制とは関係がない。能力のある者が、自然とリーダーに選ばれる。ニホンザルの順位制とリーダーへの競争などは非常に激しいものですが、人間の階級制とは違うと思います。

山極　ぼくの師である伊谷先生は、ルソーの「人間不平等起源論」に対して、「人間平等起源論」を提唱しました。実は、不平等原則はすでにニホンザルなどの霊長類社会で出現している。ルソーの時代には人間以外の霊長類が全く知られていなかったので、当時の人間社会を比べて過去を類推するしかありませんでした。しかし、三〇〇種に及ぶ霊長類社会を広く見渡してみると、そこには単独生活、雌雄一対のペア社会、単雄複雌群、単雌複雄群、複雄複雌群というように、同性間、異性間で共存を許容するかどうかの違いがあることがわかった。伊谷さんは、それらを単独生活から群れ生活へ向かう進化の方向性として位置づけ、オスだけが群間を移籍する母系社会、メスだけが移籍する父系社会に分けた。

単独生活からペア社会までは原初的に平等なんですよ。雌雄の体格に差がない。しかし、規模の大きな群れ生活をするようになるとオスがメスよりも大きくなる。しかも、複数のオスが共存する群れ社会ではオス間に厳格な優劣の順位ができるようになった。これを伊谷さんは「先験的不平等の社会」と呼んだのです。母系社会ではそれが発達して、ニホンザルのような階層性を持つ社会ができた。

しかし、ヒトを含む類人猿は父系社会のほうに属していて、食物の分配とか遊びとかに不平等を抑制して平等な関係を保とうとする行動が見られる。これを「条件的平等の社会」と名づけました。人間はこちらを発展させたのです。つまりルソーのように平等から不平等ではなく、不平等から平等へという人類の進化の道筋があったのです。それを最もよく体現しているのが、狩猟採集民の社会というわけです。

†戦いのロジック——ヒトとチンパンジーの違い

山極　富・食料の蓄積があるかどうかというのはすごく大きい。狩猟採集民は基本的に貯蔵しませんから。もちろん燻製など保存食をつくったりもしますけど、それを富として蓄積するわけではない。それはあくまで、みんなで分配するために共有している。

尾本　彼らの社会では、富や権力は私有化されない。だからリーダーですら、権力者ではないですよ。しばしば「リーダーが支配して、みんなから搾取しているだろう」と思っている人がいますが、それは間違いです。

山極　男が食料や富を蓄積するわけですが、彼らが権力を具現化する装置はやはり戦いだと思うんです。戦いというのは、そこから始まっている。

尾本　そうですよね。女は戦争をしませんから。

山極　さっきチンパンジーとゴリラの話が出てきましたけど、両者の大きな違いは男（オス）の連合関係なんですよ。チンパンジーの場合、オスの連合関係が強い。メスは集団間を渡り歩きますから、地縁的なのはオスだけです。オスが一頭だけで威張ってもすぐに蹴落とされてしまうので、うまく連合関係をつくる必要がある。連合関係の証とは、敵をつくることです。敵がいないと友ができない。共通の敵になるのは隣接集団のオスたちです。オスの間でいがみあっていれば、オス同士の連帯関係は強まる。彼らはそういうロジックを持っています。学者たちはこれを人間の集団間の戦いに似た現象として捉えていますが、これらは本質的には異なる。

チンパンジーは個体の利益を最大化するために連合して戦いますが、人間の場合はそうではない。人間の集団間の戦いでは、集団の利益を最大化するために個人が奉仕する。これはチンパンジーとはまったく違う原理に基づいています。そもそも狩猟採集民と農耕民では、食物の取り扱い方が異なる。狩猟採集民は食物をつくらず、さまざまな条件によって得られる食物を選んで採集していくので、食物が得られなくなれば移動する。あるいは縄文人のように半栽培することも可能だったかもしれないけれども、得られた植物を富としては蓄積しなかった。逆に言えば彼らは、定住したとしても個人に富が蓄積されないような社会の仕組みを守っているわけです。それは大きいですよね。

農耕・牧畜と戦争

尾本 今、戦争の起源についてお話をされましたが、狩猟採集民の大きな特徴は戦争をしないことです。ところがこれに対しても、アメリカではキーリーという人が『文明以前の戦争』(Keeley, *War before civilization*, 1996) という本を書いた。それを読んでみると、北米などで先史時代の狩猟採集民に集団虐殺の証拠があるという。しかし、それが本当に戦争の結果なのか、またその集団が本当に狩猟採集民なのか、疑問を感じます。

また、ニューギニア高地ではある種の儀式として集団間で戦う民族がいます。裸で槍を投げあう彼らを見て、都市文明の人は、狩猟採集民が戦争をしていると勘違いする。実は彼らは農耕民で、イモなどを栽培し、ブタを財産にしています。戦いも、死者がでたらストップするという、まるでスポーツのようで、戦争ではない。

山極 そうですよね。南米でもアチェ、ヤノマミ、ワオラニとかは農耕民ですよ。

尾本　たとえば、私が研究しているフィリピンのネグリトや、市川光雄さんが研究された中央アフリカのピグミー、田中二郎さんが研究された南アフリカのサン（ブッシュマン）には戦争などないですよ。なぜなら、彼らは対人用の武器を持っていないからです。動物を狩る武器と戦争で使う武器は違う。縄文人の鏃《やじり》と弥生人の鏃では殺傷力が全然違う。武器を使って組織的な争いをするのが戦争で、狩猟採集民にはありません。

「戦争はなぜ起こるのか」の答えは単純ではない。現代人の多くは、あまりにも多くの戦争を身近に見ているので、戦争と無縁の狩猟採集民の人たちがいることを知らない。狩猟採集民のことなんか、学校で教えない。私は、そういう人たちのことを広くみんなに伝えるという義務が、人類学者にはあると思っています。

山極　狩猟採集民と農耕民の違いに関して、今の話で抜け落ちているのは牧畜です。

尾本　そうですね。農耕・牧畜と言いますから。

山極　農耕・牧畜のあり方はもちろん場所によって違うんですが、中近東・ヨーロッパでは相互に始まっている。その一方で、野生動物のドメスティケーション（domestication 飼い慣らし）が始まるわけですが、これも動物の支配です。ここでは家畜を敬ったりはしない。狩猟採集民がクマ狩りをしてクマの魂を天に送るようなことは、家畜に対しては行われない。そういう思想は農耕とともに育っていった。ジャレド・ダイアモンドが言っているように、家畜を持ったことによって農耕は一気に進んだ。人間の力だけでは限界があったんですが、動物の力を借りて耕し、運搬するようになったおかげで一気に農耕文化が豊穣になり、蓄積も増えて人口圧も高まった。これはかなり効いていると思うんです。

†私有を否定する狩猟採集文化

尾本　そこで大きな違いが出てくる。旧約聖書『創世記』に出てくる「カインとアベル」の話は人類学的に興味深い。カインとアベルは、アダムとイヴがエデンの園を追われた後に生まれた兄弟です。カインは農夫、アベルは羊飼いでした。ある日、カインは収穫した農作物を、アベルは羊の初子のなかで最上のものを神ヤハウェに捧げました。するとヤハウェは、アベルの供物に目を留め、カインの供物を無視した。嫉妬にかられたカインは、野原にアベルを誘いだして殺害する。

ヤハウェにアベルの行方を問われたカインは、「知りません。私は弟の監視者なのですか？」と答えた。これが人間のついた最初の嘘とされています。カインはこの罪により、エデンの東にあるノドの地に追放されました。

ヤハウェは農夫カインに「死」より「苦しみ」の罰を与えたことになる。こうして人間（農耕民）はどんどん増えていった。ブロディが言うように（本書一二六頁）、ここでは狩猟採集民のことなど完全に無視されている。

皆さんは、狩猟採集民のことを学ぶ意味がわからないと思うでしょう。しかし私は、現代文明を知るためには、逆に現代文明を採用しなかった人たちのことを学ぶ必要があると思うのです。人類にとって、農耕よりも狩猟採集のほうが古い、初原的な生業形態です。

山極　もっと極端に言ってしまうと、狩猟採集というのは私有を否定する文化なんですよね。私有ではなく共有です。

尾本　そうですね。本来土地は私有する物ではなく、みなで共同利用するものでした。

山極　ぼくもピグミーと一緒に仕事をしてますが、彼らは道具を私有化せず、常に仲間と交換している。昨日は相手が持っていたものを今日は自分が使い、明日はそれを相手に貸し出す。そういうやりとりをすることにより、食料をも分配の対象とする。だから彼らは、ものを限定しない。

一方で資本主義というのは価値の共有から起こってくるわけですが、価値を共有しつつそれを私有化しますよね。私有化することによって個人間の差異を付け、そこに階層や社会関係を当てはめていく。そこが狩猟採集民と大きく違うところです。我々は私有化からなかなか逃れられず、それが大きな価値観になってしまっている。我々は狩猟採集民から「私有というのはそんなに大切なのか」ということを学ぶべきだと思います。彼らの生活を見ていると、「わかちあい」の精神が暮らしの隅々まで行き届いていることがわかります。よく言われるように、死ぬ時には何も持っていけない。ものを持っていられるのは、生きている間だけですよね。

†定住革命

尾本　縄文時代は貧富の差がない社会だったとの考えに反して、渡辺仁さんは「縄文時代にも富者と貧者、階級があった」と言い出した（渡辺、二〇〇〇）。いろいろな証拠を挙げて、その頃から金持ちと貧乏人がいたことを立証しようとした。火焔土器みたいなすごい土器を皆が持てるはずがないから、やはり金持ち・物持ちがいたのだろう。あるいはヒスイをブレスレットにしていた女性は富者だったはずとか、そういう例を盛んにあげられた。

言われてみれば、そういうことがあったのかもしれない。しかし、土地の私有化や持つ者・持たざる者の格差が制度として生まれたのは農耕以後だと思います。縄文時代にみんなで綺麗な石を奪い合っていたとは考えにくい。

山極　それはおそらく、定住と関係があると思います。つまりそれによって、不動産ができたということですよね。

尾本　オーストラリア出身の考古学者ゴードン・チャイルドは「食料採集」から「食料生産」へという生活様式の変化を人類史上の革命的転機と捉え、「新石器革命」と呼びました。これ以来、文明は農耕・牧畜の開始とともに始まったという理解が一般的になります。「農業革命」という表現も用いられます。

これに対して、筑波大学の西田正規《まさき》さんは、農業の前提となる定住こそが文明化への最も重要な転機であるとして「定住革命」という概念を提唱しました。狩猟採集民でも熱帯の人たちの生活はかなり流動的ですが、温帯に住むアイヌの人々などは定住していました。縄文人も定住したでしょうが、永久的な定住だったかどうか。

山極　トルコのギョベクリ・テペ遺跡には、彫刻が施された巨石がありますよね。

尾本　あれは面白いですね。農耕以前の一万数千年前に、トルコのアナトリア高原で六メートルもの巨石構築物をもつ村落が作られていた。私は『ヒトと文明』の中で、これを青森県の三内丸山遺跡（縄文時代中期）と対比させています。

山極　しかもあれは、つくりあげられるまでに何十年もかかった可能性がある。移動しながらつくるわけにはいかないから、定住しながらそれをつくったのではないかと。

尾本　むろん定住でしょう。発掘者であるドイツの考古学者、クラウス・シュミットはあれを「世界最古の寺院」と呼びました。ヨーロッパの学者は、こういうものを発見するとすぐ宗教と関連付けようとします。しかし、一神教的な信仰の対象ではありえない。巨大

上　ギョベクリ・テペ（トルコ）の巨石建造物（写真：本郷一美）
下　三内丸山遺跡にあったと推定される大型建造物の復元（写真：尾本恵市）

建築物を造るには大勢の人の協力が必要ですが、だからといって、巨大権力者や階級の存在を考えるのはどうかと思います。集団の共同作業の象徴だったかもしれない。

山極　もしかすると、沖縄の御嶽《うたき》みたいなものかもしれませんね。御嶽というのは神域で、神様がいる場所です。神様は目に見えるものではない。神様がいる場所を区別するためにいくつかの象徴的な石を置いたり、木を植えたりする。

尾本　御嶽にはジュゴンの骨が並べられています。非常に重要な沖縄の自然・文化遺跡と思いますが、皆さんあまり問題にしませんね。普天間基地の移設先とされている辺野古《へのこ》・大浦湾沿岸にもジュゴンがいたはずですが、国は強引に基地をつくろうとしている。沖縄の人にとってジュゴンがどれだけ大事な存在か、などとは考えない。

山極　沖縄の人にとっては、えらいことですよね。

尾本　とんでもないことですよ。さらには、ついに「やんばるの森」にも手を付けてヘリパッド（ヘリコプター着陸帯）を造っている。ヤンバルクイナやヤンバルテナガコガネ（甲虫）など、世界でここにしかいない希少生物の宝庫で、世界遺産級の場所です。本当に許せませんよ。

†女性の力が強い狩猟採集民

山極　沖縄以外にも、伝統が現代まで生き残っている部分があります。たとえば京都は『源氏物語』という世界最古の女流文学を生んだ場所ですが、あれは約一〇〇〇年前に書かれたものです。その頃はちょうど男系社会が始まったばかりで、女系社会の特徴が生きていた。

尾本　弥生時代に卑弥呼《ひみこ》という女王がいましたからね。卑弥呼がいたから世の中は治まっていたが、彼女が死んだとたんに戦争が起きた。

山極　狩猟採集民というのは男が主導するから、男が権力を持つ社会だと誤解されている節があるんだけど、実はそうではなくて女性もすごく強いんですよね。先ほど武力について少し触れましたけど、農耕社会になれば男系社会に移行する。そこが重要なんですよ。

尾本　その通りです。戦争をやるから男が威張りだす。以前私は、日本学術会議で「男女共同参画社会」の特別委員会の委員長をさせられたことがある（二〇〇〇年）。そこでいろいろと議論しましたが、狩猟採集民の社会は実は男女共同参画社会だった。男は狩猟、女は採集や育児という分業があるが、これを差別と思ってはいけない。農耕・牧畜の開始以降にこれが崩れた。

山極　もうひとつ忘れてはならないのは、遊牧社会は極端な男系社会であるということです。まず、年齢組（年齢によって成員を区分して年長順に序列をつける社会制度）というのがある。たとえば遊牧社会では家畜が財産になるので、戦争によって家畜を略奪してくる。だから基本的に男系社会なんですよ。武力によってどんどん富の量が変化する社会にいる以上、女性は男性を超えられない。

尾本　だからハーレムなんかができるわけでしょう。

山極　そのように、どこかの時点で女が権力を奪われてしまった社会がキリスト教社会に引き継がれているわけです。

尾本　狩猟採集民では、そんなことはないですよ。私は『ヒトと文明』のなかで、アフリカ北部に広がっている女性性器切除（FGM／Female Genital Mutilation）の慣習について書きましたが、あのような文化が現代にも容認されているのは、驚くべきことです。とんでもない女性差別ですよ。女性は、戦争によって栄える男性の犠牲者です。イスラム教だけでなく、ユダヤ教やキリスト教でも通過儀礼として割礼（サーカムシジョン）の風習があるという理由で、FGMを「女性割礼」と呼んで文化として認め、許してしまう。

今の人類学には「文化相対主義」といって、「あらゆる文化には等しく価値がある」と考える立場があります。文化の多様性と差異に興味をもつのは大事なことですが、もっと全人類に共通な、普遍性のある文化を考えるべきではないでしょうか。同じ文化人類学者でもドナルド・ブラウンは『ヒューマン・ユニヴァーサルズ』(二〇〇二年)という本で「文化相対主義から普遍性の認識へ」を訴えていて、共感できます。FGMは「文化相対主義」の弊害です。文化人類学の学界でぜひ考えて、根絶に向けて努めてもらいたい。

3 今こそ狩猟採集民に学べ

†文明人とは何か

尾本 次に、なぜ我々は狩猟採集民に学ばねばならないのかを考えたいと思います。

文明というものは一般にどう思われているか。私は都会の文明人と森の狩猟採集民を対比させて、「都市から森を見下ろす」のではなく、「森から都会を見上げる」というスタンスで研究をしています。一方、「文明」という概念については、ずいぶん誤解が多いように思います。

何度も言うように、一万数千年前、ヒト（ホモ・サピエンス）は全員狩猟採集民だった。そこから、一方で文明人、他方で文明を採用しなかった人たちに分かれた。ここで大きなポイントになるのは、この分離は知能や能力のためではなく、おそらく偶然のことだったろうということです。一万数千年前の狩猟採集民にはいろいろな人たちがいました。熱帯地域では食料を長期保存できませんから、毎日食べ物を探して歩く遊動生活者になります。

ところが温帯地域や寒帯地域に行くと、食べ物を保存できるため定住する人たちが出てくる。筑波大学の西田正規さんは「農業革命よりも定住革命のほうが大事件だ」と言われています。温帯地域で狩猟採集民が歩いていると、サケやマスが上ってくるいい川があり、森の木にはいろいろな実がなっていた。彼らはその地域を気に入り、食料が得られる期間だけ留まった。日本の縄文時代人は、たぶんこのような一時的な定住生活者だったでしょう。定住が始まると食物を貯蔵し、植物を栽培（園芸農耕）するようになりますが、狩猟採集民の家畜はイヌだけで、ウシやヒツジは農耕が始まってからの家畜です。イヌは、ヒトとのパートナーとして生まれた最初の家畜ですね。

しかし、定住するから文明人だというわけではない。ゴードン・チャイルド流に言えば農業革命、つまり農耕・牧畜の開始とともに文明人が出現した。狩猟採集民には主食がなく、何でも食べる。一方、農業は単一植物の集約的な栽培で、その結果コメ、ムギ、トウモロコシなどを主食とするようになる。集約的な農業が始まってから主食ができるわけですが、これには何千年もかかっている。その間には狩猟採集民であるにもかかわらず定住し、貿易をやったりみんなで大型建造物をつくったりしていた集団もあった。

前にも出てきたトルコのギョベクリ・テペ遺跡は「世界最古の寺院」と言われますが、私はそういう呼び方を好まない。また、青森県の三内丸山遺跡では、太い六本のクリ柱の痕跡から何らかの巨大建造物が建てられていたと推定されますが、復元（一三八頁下）が正しいかどうか、またその用途が何だったのか全く不明です。海に近い場所なので、灯台のようなものだったかもしれません。日本には元来、諏訪大社の御柱祭《おんばしら》に見られるような巨木信仰がありますね。西北アメリカ沿岸の先住民のトーテムポールも同様のものです。

彼らは巨大建造物をつくったり、交易によって他民族と物資を交換したりするわけですが、集約的な農業をやらず主食を持たない。これは最後の段階の最も発達した狩猟採集民で、豊かな食料獲得者（affluent forager）とも呼ばれます。たとえばアイヌ民族や、たぶんその先祖の縄文人がそうですが、彼らはあくまでも狩猟採集民ですから「縄文人は半分文明人だ」などと言わないほうがいい。

山極　実は生業様式と霊長類の暮らしに面白い一致があります。原初の霊長類は夜行性で樹上性の単独生活をしていました。オスもメスも単独でそれぞれ縄張りをもって暮らしていた。今でも夜行性の原猿類はそうです。彼は定点に巣をもって、そこで繁殖や育児をします。木の洞などに巣を作るのですね。それがペアになって生活するようになっても縄張りを維持することは変わりません。

しかし、昼行性になってだんだん群れを大きくしていくと縄張りが消失していく。群れが大きければ、たくさんの個体が一緒に食べるので、広い範囲を食物を探して歩かねばならず、縄張りを維持できなくなるからです。縄張りは隣接群の侵入を防ぐために、毎日パトロールできるぐらいの広さでなければ維持できません。それを超えてしまったから、隣接群と行動域を重複しなければならなくなった。まさに、遊動生活が縄張りを放棄させたのです。それはヒトの狩猟採集生活まで継続されていました。

ところが、食料獲得技術が向上して人が定住をはじめ、さらには農耕や牧畜を始めて食料の生産と蓄積ができるようになった。ヒトが広い範囲を動き回らずに済み、縄張りを持てるようになったのです。さらに人口が増えて集団の規模が拡大し、縄張りを広げてそれを守ることが必要になった。これが新たな転回点です。ヒトはいったん霊長類としては原初的な縄張り生活にもどり、そこから生産性を高めることで霊長類を超える「集団で縄張りをもつ社会」へと発展していったのです。

†農耕による人口増大が文明を生む

尾本　集約農業の開始に伴い、土地の私有化が始まりました。狩猟採集民と農耕民では土地に対する観念が全く違います。狩猟採集民は多様な食べ物に依存しているので、広い居住地域に住み、定住するにしても一時的です。しかし、一種類の作物に依存する農耕民になると、半永久的な定住が必要になる。そこで土地を所有するという観念が出てくるのです。ここが全然違うので、私は、狩猟採集民と農耕民の間に線を引きたいのです。

「狩猟採集民が、定住する豊かな食料獲得者の段階を経て土地を所有するようになり、文明人になった。」このように直線的に捉え、狩猟採集民が農耕民に進化したと考える方がいます。むしろこのほうが普通かもしれない。しかし、私はそうは思いません。

狩猟採集民から農耕民への変化は連続した現象ではない。なぜなら、現代になお生き続けている狩猟採集民には、遊動生活者から半定住生活者、さらに豊かな食料獲得者と、非常に多様な集団がありますが、みな本来の生活を守り、初源の状態で留まっている。豊かな食料獲得者の縄文人はそのままで留まっており、連続的に弥生人になったわけではない。弥生人は別の場所からやってきた農耕民で、そこで「二重構造」が起きた。埴原和郎の二重構造説が有名なので、それが日本特有の現象であると誤解されますが、日本だけでなく、世界中で同じことが起こったと考えます。

数万年前の旧石器時代、アフリカから狩猟採集民が世界の各地に広がった。ずっと後、一万年前頃から、世界の何カ所かで農耕民による古代文明が栄え、人口増大が起きた。その結果、農耕民である文明人の民族移動が起きたため、世界中で二重構造が生じた。狩猟採集民は先住民、農耕民は渡来民です。発展段階説を唱える人は「野蛮人が文明化した」と言いますが、狩猟採集民と農耕民では歴史が違うのです。

狩猟採集民はいろんなものを食べて健康でしたが、農耕が始まると偏食になり病気が増える。狩猟採集民は少数で分散して生活するから、伝染病にかかる危険が少ない。一方、農耕民では、飢饉による餓死や伝染病の流行といった問題が生ずる。しかし、ムギ、コメ、トウモロコシといった作物は貯蔵できるため、増大する人口を支えることができる。高い死亡率を補うことができる。その結果、農耕民では狩猟採集民にくらべて人口が著しく増えたのでしょう。

では、人口が急激に増えるとどういうことが起こるか。狩猟採集民の集団は一五〇人程度を単位とするバンド（移動する村の単位）の集まりで、互いに顔見知りだから悪いことはできない。そこでは互いに遠慮し合い、共感しながら生活していたわけですが、リーダーはちゃんといました。

ところがその後、集団の人数が一五〇人をはるかに超すようになると、ずるい者や悪い者が出てきて富と権力を独り占めするようになる。極端にいえば、これが文明の本質です。文明は人間社会に「格差」という大問題をもたらした。

しかしその一方で、世界には狩猟採集民のままでい続け、農耕を採用しなかった人たちがいる。すでに述べたかと思いますが、私の計算では、全世界に現在約七〇万人の狩猟採集民がいる。現在の世界人口、約七〇億に比べれば一万分の一とごく少数ですが、そういう人たちが確かに存在している。狩猟採集民は知的能力が低いから文明化できなかった、という人がいますが、明らかな誤解です。彼らの知的能力が劣っているわけではありません。同じ条件が与えられれば、彼らは我々と等しい知的能力を発揮できるでしょう。

山極　人口の規模はとても大きな問題だと思います。さきほどの一五〇人とは、現代の狩猟採集民の平均的なバンドの規模ですが、ふしぎなことに脳容量から計算した数と一致します。イギリスの霊長類学者ロビン・ダンバーは、人間以外の霊長類の脳に占める新皮質の割合がその種の平均的な集団規模に応じて増加することを発見し、それが脳容量と正の相関をもつことを指摘しました。この相関係数を使って化石人類の脳容量から当時の集団規模を計算すると、まだゴリラ並みの脳容量しかもっていなかった三五〇万年前のアウストラロピテクス・アファレンシスは、せいぜい三〇人、脳容量が六〇〇ccを超えたホモ・ハビリスは五〇人、それから脳容量が一四〇〇〜一六〇〇ccの現代人になると約一五〇人になったと推定されるのです。

脳容量は六〇万年前のホモ・ハイデルベルゲンシスの時代にほぼ現代人並みになっていますから、ヒトの狩猟採集生活では長い間一五〇人規模の集団が保たれ、そこで緊密な社会生活が営まれてきたと考えていいのではないでしょうか。すなわち、一五〇人という集団で暮らすようにヒトの身体や心は作られているといっても過言ではないのです。だから、農耕の開始によって急激に集団規模が拡大したことは人間にとって大きな異変であり、まだその変化についていけていないのかもしれないですね。

†狩猟採集民と農耕民を分けたもの

山極　何が狩猟採集民、農耕民を隔てたのか。地球が冷えた約七万年前から農耕が始まった約一万三〇〇〇年前までに、何度か温暖・寒冷の波がありますよね。地球環境が温暖で狩猟採集生活が豊かになった時期に、定住が始まったのではないかと思うんですけど。

尾本　その頃の人たちは定住していたでしょうけど、集約農耕はやっていませんでした。

山極　人間が水環境に進出し始めたのは、いつ頃なんでしょうか。

尾本　それは興味深い問題ですね。南アフリカのブロンボス洞窟では約七万五〇〇〇年前の地層から、およそ一センチ前後に大きさが揃っている上に、同じ場所に穴を開けられた巻貝の貝殻が六〇個以上も発見された。おそらくこれはひもを通して使ったアクセサリーでしょう。同じ頃から、ヒトは海を怖がらなくもなったらしい。海産物（貝や魚）を利用し始めたことが遺跡からわかる。画期的なことですよね（海部、二〇〇五）。

山極　それは定住のひとつの根拠です。陸上資源は回復が遅いですが、海や川はそうではない。川であればサケやマスが定期的に上ってきますから、こちらから捕りに行かなくてもいい。つまり、食料が向こうから押し寄せてくるわけです。海もそうですよね。そういう豊かな資源が近くにあれば、定住も可能になる。

尾本　それならば、農耕がなくても十分にやっていけますね。

山極　先生がおっしゃったように、人口増加が大きな分かれ道になったのではないかと思います。

尾本　小山修三さんは縄文時代の人口推計をされていますが、それによると次のようなことが考えられるそうです。縄文時代にも温暖・寒冷の波があり、温暖な縄文前期〜中期にはかなり人口が多く、おそらく数十万人規模だった。狩猟採集民としては異例の人口です。その後やや寒くなる縄文後期には、人口がだいぶ減少した。狩猟採集民の中でも、縄文人は発達した文化を持っていたと思いますが、私はこれを文明とは呼ばない。梅棹忠夫さんは、一九九四年に三内丸山遺跡の発掘現場を訪れ、思わず「これは文明だ！」と叫んだそうですが、やはり集約農耕や都市がないので文明とは呼べないと思います。

†自然観の違い

尾本　文明は古くは約一万年前から始まり、最近になってようやく土地に関する法律などが整備されました。一八世紀にオーストラリアに渡った英国人は、ここは「無主の地」

（テラ・ノリウス）なのですべての土地はヴィクトリア女王に所属すると言って、先住民アボリジニから土地を奪います。アボリジニにしてみれば「土地は個人が所有するものではなく、みんなで利用するものだ」と考えている。彼らに現代の法律を押し付けるというのは、時代錯誤と人権侵害の最たるものです。

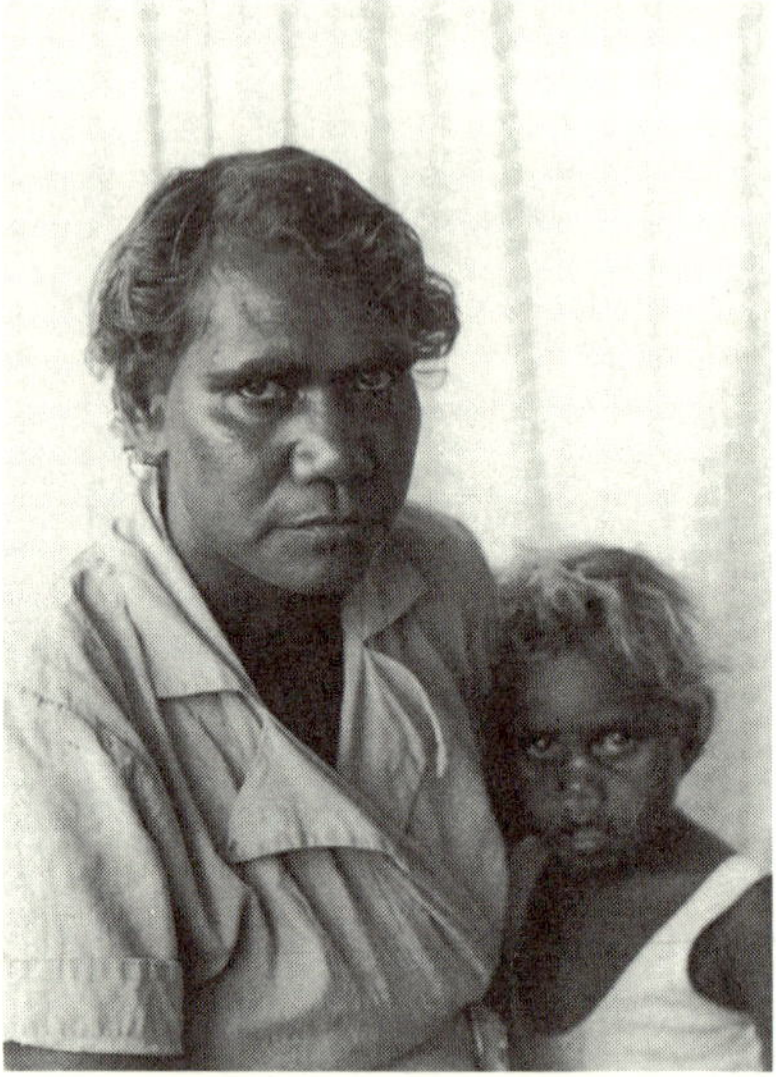

アボリジニの母子（中央オーストラリアにて、尾本恵市撮影）

狩猟採集民と農耕民では、現代文明に親しんだ時間の長さが違っており、前者はそれが極めて短い。それにもかかわらず両者を同じスタートラインに並ばせ、一斉に走らせるというのはフェアでない。不公平です。

山極　もちろん歴史が違うということもありますが、両者ではそもそも文化が違うと思うんです。これはコミュニケーションの問題とも関係してきます。まず、狩猟採集民と農耕民では自然観が違う。狩猟採集民は移動生活を前提としていて、土地を所有しない。自然界のものに手を加えずにそれを自分たちの食料とし、自らの手で食物になるものを栽培しない。

一方で農耕民は土地に投資をし、栽培したものを守らなければならない。狩猟採集民が森の友と思っていたものを、農耕民は畑を荒らす害獣として排除しなければならない。食べるために殺すのではなく、土地・作物を守るために殺す。悪いものを殺すということはやがて、人間に対しても行われるようになります。たとえば、土地を侵害してくる人間を排除するとか。そして、投資した土地で作物を収穫したら未来にまた投資する。これはまさに資本主義の根本原理ですよね。収穫物をすべて食べてしまえばそれで終わりですが、そこで種を残しておいて次の年に蒔《ま》く。さらには、土地を広げて種を蒔く。これは「産めよ殖やせよ」という自然観・人間観ですね。

それではなぜ、農耕民はどんどん増えていったのか。農耕という労働は性別、年齢を問わず平等にできる。もちろん人によって身体の強さが違うので、仕事にかかる労力や時間は違いますが、質としてはすべて同じです。一方、狩猟採集では個人の技量がまったく違いますから、平等というわけにはいかない。しかも狩猟採集というのは基本的に個人労働で、役割分担をすることはない。ですから優秀な猟師もいれば、そうでない猟師もいる。彼らが平等な分配に固執するのは、各人の差が目立たないようにするためです。彼らはそのようにして、集団内に権威をつくらないようにした。しかし農耕ではみんな同じ仕事をしているため、権威ができても構わない。このように、狩猟採集民と農耕民では人間観・社会観・自然観がまったく違う。狩猟採集の先に都市はできないけれども、農耕の先には都市ができる。これは歴史が明らかに示していることです。

農耕民は余剰のものを使い、投資でさらに拡大していく。その余剰を職能集団に投資し、武力を高めていくうちに、生産活動には携わらない別の職能集団もできてくる。社会における職業の分担、階層がどんどんできていき、やがて君主制が生まれる。これは必然的な流れだったのではないかと思います。農耕をしていたほうが人口の増加が早く、武力も増強される。そのため、狩猟採集民が圧迫され始めたのではないかと思います。

ぼくはゴリラを追ってますが、彼らと一緒に生活をしてみなければわからないことがたくさんある。我々はずっと都市文化に染まっているので、やはり一緒に生活してみないと彼らの世界観・モラルはわからない。

†狩猟採集民こそが最古の先住民

尾本　私は次のようなことを言いたい。多くの狩猟採集民は今や民族としての絶滅の危機に瀕している。動物の場合、絶滅危惧種を大騒ぎして保護するのに、なぜ人類の絶滅危惧種は放っておくのか。狩猟採集民は格差の最下層にいて、ひどい人権問題に悩んでいる。私がそれを強く実感したのは、次のような光景を目の当たりにした時です。

フィリピンのミンダナオ島では最近、多国籍企業によるニッケルなどの鉱山開発が激しくなって、山地に住んでいた狩猟採集民ママヌワ族は立ち退きを余儀なくされています。私が三〇年も前に行った遺伝子解析によって、ママヌワ族は、フィリピンのファースト・ピープルであるネグリトのグループの中でも、もっとも古い渡来者だと推定されています。

山極　先住民ということですか？

尾本　ええ、フィリピンは多民族国家で、首都マニラなどにいる多数派フィリピーノ（タガログ族）の他に一〇〇を超える言語で区別される先住民が住んでいます。ママヌワ族はネグリトの一部族で、数万年前からミンダナオ島に住んでいたと考えられます。鉱山開発会社は、居住地を立ち退かされたママヌワの人たちに対して収益の一パーセントに当たる

暗殺されたママヌワ族のリーダー、ヴェロニコ・デラメンテ氏。享年27歳（写真：DVD『スマホの真実──紛争鉱物と環境破壊とのつながり』より。NPO法人アジア太平洋資料センター、2016年）

補償金を支払うことになっていますが、中にはこれを払わない悪徳業者もいる。

日本の住友金属鉱山は、捨てられていた低品位のニッケル鉱を純度の高い製品に変える技術を開発してフィリピンでも評価されています。しかし、ママヌワ族のために支払われた多額の補償金は、金目当ての地元の有力者の格好の餌になり、さらに新人民軍（NPA）という非合法組織などからも狙われて地域の治安を不安定にしています。最近（二〇一七年一月二〇日）、ママヌワ族の若いリーダーが暗殺されるというショッキングな事件が起きましたが、殺し屋はいまだに捕らえられていないし、軍隊も警察もみんな知らん顔をしている。

私は、かつて自分の研究の被検者だったママヌワ族の人々に恩返しするつもりで、人権問題を調査しています。しかし、現在ミンダナオ島ではイスラム過激派のテロ活動が激化したため戒厳令が敷かれ、現地に行くことができません。

日本は戦後の建築ブームでフィリピンから大量のラワン材を輸入し、そのためアジア有数の熱帯降雨林が破壊されてしまいました。今、銅やニッケルなどの希少金属がどんどん掘られ、日本の工業にも貢献している。

フィリピンは、森林や鉱物などの天然資源に非常に恵まれた国でした。過去形で言わなければならないのは残念です。皮肉にも、豊富な資源があだになってひどい環境破壊や人権侵害が起き、治安も悪い国になった。「資源の呪い」の典型例です。南の発展途上国は、なまじ資源があるから収奪の対象にされました。しかも、天然資源の取引価格には、生態系や生物多様性、先住民族の伝統文化など、本来は極めて価値の高いものが含まれていない。こうして資源国は、先進国によって資源を奪われ、土地は荒廃し、貧困は増大してゆくが、先進国にはその負債を負っているという意識がありません（谷口正次、二〇一一）。この問題について、恩恵にあずかった日本の皆さんはほとんど無関心です。現状を知らないからです。それを知っている人類学者には、一般の方々を啓発する社会的責務があるのではないか。

さらに人類学者が寄与できる問題があると思います。ママヌワ族などの狩猟採集民がフィリピン最古の先住民であることは遺伝子で証明されています。国連の活動の一環として「先住民族世界会議」がありますが、各国の先住民の代表は、ほぼすべて農耕民です。たとえばフィリピンから国連の会議に出席するのは、ルソン島北部のイフガオ族やイゴロット族など、声が大きく団体で行動する農耕民の人たちですよ。ネグリトの人々のような狩猟採集民はおとなしくて、農耕民を怖がっているから、のけ者にされている。私は人類学者として、このことを政治学者や法律学者に訴えたいのです。

山極　アフリカの熱帯雨林でも同じことが起きています。コンゴ民主共和国の東部にあるカフジ・ビエガ国立公園は低地部（標高六〇〇～一二〇〇メートル）と高地部（一八〇〇～三三〇〇メートル）を結ぶ六〇〇〇平方キロメートルからなる広大な熱帯雨林を有し、ピグミー系のトゥワ人たちが森のあちこちで狩猟採集生活を送っていました。ところが、ベルギーの植民地時代に金、銅、鉄の鉱山としていたるところで事業が始まり、トゥワ人たちは自由に活動できなくなりました。さらに、一九七〇年に国立公園となり、彼らは森林から強制的に移住させられて、周辺の農耕民の村に寄宿せざるを得なくなったのです。狭い土地を与えられてさあ農耕で生計を立てよといわれても、どうしていいかわからない。それで、こっそり森に出かけて密猟をしたり、薬草をとってきて捕まる者が後を絶たなくなりました。国立公園当局はトゥワ人たちを公園の監視員やゴリラツアーの案内人として雇用していますが、多くの人を養うことはできません。そこで、我々は一九九二年に理解のある現地のガイドを中心にしてポレポレ基金というＮＧＯを立ち上げ、トゥワの人々の職業訓練や生産活動への参加促進、保護区の理解を求める活動を行ってきました。

長年付き合ったピグミー系トゥワ人のトラッカー、ピリピリと（コンゴ民主共和国のカフジ・ビエガ国立公園にて、山極寿一撮影。2012年）

ところが、一九九四年に隣国ルワンダの内戦が波及して膨大な数の難民が押し寄せ、続いて終わりのない内戦が始まりました。森は兵士や難民によって踏みしだかれ、密猟が横行しました。二一世紀になってやっと戦闘は下火になりましたが、今度はコルタン（コロンバイト－タンタライト）と呼ばれる、パソコンや携帯電話に使われている伝導性の高い金属がこの地に豊富にあることがわかり、多くの人々が採掘に殺到しました。こういった急激な変化で最も大きな被害を受けたのがトゥワの人々なのです。我々はエコツーリズムを利用して何とかトゥワの人々が森で安全に働ける道を模索していますが、政情が不安定なのでなかなか思うようにいきません。もっとこの現状に世界が注目してほしいと思っています。

†狩猟採集民に何を学ぶか

尾本　狩猟採集民に学べ、と主張していますが、具体的に何をするのか。今さら彼ら彼女らと同じ生活をすることは無理ですが、平等や平和、倹約の勧めなど、彼らの生活から精神的に学ぶべきことはある。経済や国際政治の面でも、「スモール・イズ・ビューティフル」の理念を「よし」として、南北格差をできるだけ小さく、先進国が儲けすぎた利益の「平等分配」をはかることなどできないものでしょうか。

山極　平等ということに関して、面白い話があります。ぼくが付き合っているピグミー系の狩猟採集民は自分でも道具を持ってるんだけど、狩りに行く時には自分の道具を使わずにわざわざ仲間の道具を借りていく。それは、仲間に獲物を分配するという前提があるからです。彼らの間では、あらゆるものは共同と見なされている。これは我々にとっても、すごく参考になることです。一人だけでなく誰かと一緒に何かをやったほうが自分も相手も幸せな気持ちになれる。狩猟採集民は、そういう状態をつくりだすための仕掛けをたくさん持っている。

ところが今、我々が生きている現代では、自分が充足するための仕組みはいくらでもあるんだけど、他者と共同して両方が楽しくやるための仕組みはなかなか見つからない。それは自分で探し出し、相手とも合意しなければならないのでハードルが高い。しかし狩猟採集社会では、そういう仕組みがあらゆるところに張り巡らされている。我々は、それを学ぶ必要があると思います。

尾本　そうですよ。これは「裸で暮らせ」という意味ではない。狩猟採集民の生活、アニミズムの思想には、限界を超えて発展し続ける文明にとって、参考になる点がいろいろある。とくに言いたいのは、自然に対して謙虚になれということです。

山極　あと狩猟採集民から学んだほうがいいと思うのは、時間の概念です。現代人は自分の時間をつくることに四苦八苦しているわけですが、自分の時間をたくさん持っていたら本当に幸福なのか。狩猟採集民には自分の時間なんてほとんどなくて、一日のほとんどは他者といる。つまり彼らは、何かあったらすぐに相手に反応できるという構えを持っているわけです。今、西洋風の生活スタイルが現代人の中に染み込んできて、プライバシーが重視されている。車の中で一人になれる。あるいは自分の好きなものを買ってきて、一人で部屋に戻って「美味しい」と言いながら食べる。さらには一人で映画を見に行き、ショッピングに行って好きなものを買う。これらは自分の時間だと思っているかもしれないけど、実は孤独な時間です。もちろん一人でも楽しめることはあるでしょうけど、それは他の人とともに生きる時間ではない。

人間には本来、もっと生き生きとした時間があったはずです。それは他人とともに過ごし、お互いに歩み寄れる時間だったわけですが、現代の文明社会はそれをコストにしてしまった。自分の時間は自分で測れますが、他人が入ってくるとそういうわけにはいかず、コストになってしまう。そこでは、他人と過ごす時間をプラスと捉える思考方法が必要だと思います。狩猟採集民はそういう時間の概念を持っているわけですが、我々はそれをみんなコストにしてしまった。我々はもう一度彼らを見習い、他者とともにいる時間を価値づけなければいけない。

そのよい例はお母さんと赤ちゃんです。お母さんは赤ちゃんのためにいつも身構えてなくてはいけませんが、その一方で赤ちゃんといる時間も楽しいわけですよ。でもそれをコストとして捉え、「私には赤ちゃんがいるから自分の時間を使えない」と思ってしまったら損ですよね。そこではやはり、赤ちゃんと一緒にいることをプラスと捉える思考方法が必要です。子育てに限らず、これはいろんな場面で出てくることですよね。

尾本　助け合いの精神が大事です。もとは一五〇人ぐらいの集団で、互いに仲間意識があるから、強制されなくとも相手を気遣う。インターネットで結ばれた何千、何万人の間では、それはなかなかできないですよね。

山極　これは『「サル化」する人間社会』（二〇一四年）でも書いたことですが、サルは自分の利益を高めるために群れをつくり、そのために自分の利益が貶められるようになったらその群れを離れる。ところが人間はその逆で、自分の犠牲を払ってでも集団のために尽くそうとする。それが集団への自分のアイデンティティーを高めているので、集団を離れてもアイデンティティーを失わずにいられる。

現代の人間は「自分の利益を高めるためにこの組織にいる」と考えがちですが、そうすると集団はどんどん閉鎖的になってくる。そこでは自分の利益を高められる相手とだけ組織をつくるという動機が出てきて、「組織の外にいる人間は自分たちの利益を貶める」と考えてしまう。集団と集団の間に境界線を引こうとし、自分の利益を高めない仲間や集団外の人を排除しようとする。そういう傾向が強まれば敵対的なもの、閉鎖的なものが増えていく。それが今の現代社会だと思います。

狩猟採集民の社会はそうではなく、外に向かって開かれている。そこには、自分が犠牲を払うことによって喜びを得るという精神構造がある。これはつい最近まで日本人が持っていた精神構造なんですが、今ではどんどん失われつつある。つまり、アメリカ的になっているということですね。だから個人を守るために、保険が必要になってくる。誰も守ってくれないので、自分をお金で守るしかない。これはまずい状況ですよね。ロビン・ダンバーが言うところの一五〇人という社会資本が全然生きていない社会に、ぼくらは住んでいるわけです。

第五章

ヒトはなぜユニークなのか

フィリピンのネグリト人。

写真左後ろが尾本氏(身長178cm)。右端は越後貫博士(写真:尾本恵市、1976年)

1 ユニークでないゲノムがユニークさを生んだ

†認知革命はなぜ起きたか

山極 最近、ユヴァル・ノア・ハラリ『サピエンス全史——文明の構造と人類の幸福』（二〇一六年）など、人類史全体について概観する本がベストセラーになっています。そこで、この章では人類史上の、人間が他の類人猿とは違うユニークな存在となったポイントについて述べていきたいと思います。

ヒトの歴史では、何度か認知革命が起きたとされています。認知革命と言うと言語の起源が取り沙汰されますが、これは言語ができるよりずっと前に起こり、その最初のきっかけは直立二足歩行だったと思うんです。直立で歩くのはエネルギー効率がいいと言われていますが、やはり手が自由になってものを運べるようになったことが大きい。チンパンジーもたまに前足（手）で食物を運ぶことがありますが、サルも類人猿も基本的に食物はその場で食べるため、個体の分布様式は自然の食物の分布に左右されている。そこに果物や草がたくさんあれば集合性が高くなりますが、少ししかなければ優位な個体しか食べられないので、分散しなければならない。しかし食物を持って仲間のもとに運べるようになれば、それによって社会関係をコントロールできる。二足歩行は、これとすごくリンクしている気がするんです。

二足歩行は完全なサバンナではなく、森林の形態を有しているところから始まったと言われている。そこはゴリラやチンパンジーが住んでいる純粋な熱帯雨林よりもっと乾いていて、なおかつ食物が分散していたわけですから、食物を持って運ぶことは生存価を高めたと思うんです。食物を使って仲間との社会関係を変えていく。あるいはそれを強化し、維持していく。徐々にそういうことが始まっていったのではないか。食物を利用して社会関係を構築したことが、最初の認知革命だったのではないかと思うんです。つまりヒトはそこで、類人猿にはできなかったことを始めたわけです。

その次の認知革命はおそらく、肉という巨大なエネルギーの塊を食料にし始めたことではないかと思います。死体の現場にはハイエナやハゲタカなどさまざまな肉食動物が群がってくるので、肉は持って帰らなければいけない。肉を小さく切り分けるにしても、骨髄を取り出すにしても石器が必要です。そこでオルドワン式石器が使われたという説もありますが、とにかくその時に道具を使って食物を加工することが始まり、これは人々の間の分業・専門化を促進しました。ヒトは道具を介して食物に変化を加えることにより、消化率・エネルギー効率を高めていく。ここから人間の脳容量が大きくなってきます。

イギリスの人類学者ロビン・ダンバーは次のような仮説を立てました。集団のサイズが大きくなるに従い、人間の脳は社会的複雑性に対応できるように容量を増やし、とりわけ新皮質の部分が大きくなっていった。これを社会脳仮説と言います。集団のサイズが大きくなれば、社会関係がより複雑になっていく。そうすると社会関係を紡《つむ》ぐ時間が必要となってきますが、その時間をつくるためには採食時間を減らさねばならない。そこでは消化率がよく、栄養価のより高い食物を摂取することが必要となってくる。脳はそれによって大きくなったわけです。

脳と社会交渉はシナジー的に、双方が影響しあって高まっていった。今のチンパンジーもゴリラも食べ物を探し、それを消化する時間に一日の半分以上を費やしている。しかし効率よく食物を得られ、なおかつ消化に時間がかからなくなれば、社会交渉に費やす時間を増やすことができる。それによってコミュニケーションが変わり、複雑な社会を維持できるようになる。複雑な社会は家族・共同体という二重性を持ち、編成原理の異なるこれらの社会組織を同時並行的に運営できる。ここで子育ての共同化が始まりました。母親は頭の大きな子どもを複数抱えることになったため、共同育児が必要となった。食生活・社会関係の維持の仕方が変化したことにより共同育児が可能となり、そこから本当のヒト化が始まった。ここで複雑な社会コミュニケーションが必要となったため、言葉というツールが登場した。

†ヒトのゲノムはユニークではない

尾本　なるほどよくわかりました。山極先生はゴリラやチンパンジーを鏡にして、人類全体の歴史を見ておられますね。その視点であれば、ホモ・サピエンスのみならず、アウストラロピテクスあたりからのことが全部見えてくる。

一方私は、先住民族とくに狩猟採集民から現代人を見ています。私はもちろん猿人などにも興味がありますが、遺伝学の範囲でわかるのはホモ・サピエンスのことです。つまり先住民族によって、現代文明人を相対化しようというわけですね。

私はヒト（ホモ・サピエンス）のユニークさを遺伝学的に捉えたいのです。人間の形態や行動のユニークさはいくらでもありますが、ゲノムはユニークではない。遺伝子ゲノムの塩基配列で見ると、ヒトはチンパンジーと一・二パーセント程度しか違わない。両種間でタンパク質は同じということです。

わかりやすく説明するため、自動車にたとえてみます。ヒトとチンパンジーは、同じ材料や部品で造られているが、色や形、性能は非常に違う。つまり、デザインが違うのです。では、デザイナーはどこにいるのか？

先ほど述べたとおり、ヒトゲノムの塩基対は約三〇億ですが、部品（タンパク質）をつくりだしている遺伝子は二万個ぐらいしかない。そのほかの九九パーセント以上の塩基配列は、かつて「がらくた」と呼ばれていた部分ですが、進化の過程で保存されていることから考えても、何らかの意味があるはずです。遺伝子発現の調節の鍵を握っているかもしれない。もしかしたら、ここにヒトのデザイナーが潜んでいるのではないか。これはあくまで推測に過ぎませんが、今まさにそういう研究が行われています。

山極　今の時点で、病気に関連する遺伝子は局在していてポイントしやすいということがわかっている。我々はそのことを特定して、ゲノムのことを理解したような気になっている。現代人ですら、アフリカのピグミーから北欧のすごく背の高い人たちに至るまで、形態的にもバリエーションに富んでいる。遺伝的には均質であるにもかかわらず、形態的には変異に富んでいる。このような違いが生じてきたプロセスを、遺伝子で追いかけることはいまだに難しい。病気以外のいろんな形質、複数の遺伝子がまたがるような領域についてはほとんどわかっていないというのが実情でしょう。

ホモ・サピエンスに至るまでに、アフリカで二〇種類以上の人類が生まれている。あるものは絶滅し、あるものは結果的にホモ・サピエンスにつながったと言われていますが、具体的にどのような変異が生まれ、どのようにして消えていったのか。あるいはどのようにつながっていったのか。そういうことがまだ見えてこない。かつてはネアンデルタール人とホモ・サピエンスは混血していないという説が有力でしたが、第三章で触れた通り、二〇一〇年五月の『サイエンス』で、ホモ・サピエンスのゲノムにネアンデルタール人の遺伝子が数パーセント混入しているという説が発表された。デニソワ人の遺伝子もそうですけど、ああいうものはホモ・サピエンスの中でどのような働きをしているのか。あるいは、どういう経緯でそれが残っていったのか。それが見えないと、人類の進化を上手く想像できない。

†身長の違いはなぜ生じたのか

尾本　アフリカ人以外のヒトのゲノムの数パーセントは、旧人類のネアンデルタール人やデニソワ人のDNAです。このことは、ヒトがアフリカを出て世界に広がっていった過程で、先住民だったこれらの種の人たちと混血した証拠でしょう。あくまで混血の痕跡に過ぎず、ヒトの特徴や機能には何ら影響していないと考えられます。

山極　先生が調査されたフィリピンの少数民族、ネグリトは背が低いですよね。私がゴリラを追跡する時、一緒にやっていたピグミーの人たちも背が低い。狩猟採集民として熱帯雨林に居住していた人たちは背が低いわけですが、そのような形質はどのぐらいの世代を経て集団中に広がり、ドミナントになるのか。ホモ・サピエンスがヨーロッパに居住するようになったのはせいぜい三〜四万年前で、そこから白い肌、金髪、高い身長などといった形質が進化したと考えられている。遺伝的に均質なホモ・サピエンスが形態的にこれほど大きな変異を見せることについて、学会ではどのように考えられてるんですか？

尾本　身長は非常に目立つ特徴で、多数の遺伝子によって決まる「ポリジーン形質」です。ところが、栄養や光など環境因子も関係しますが、ネグリトやピグミーの低身長の主な原因は単一遺伝子要因によると考えられています。インスリン様成長因子（ＩＧＦｓ）に遺伝的変異が起きたため、身体が小さい。彼らは活発で知能も高いですが、背だけは低い。

アフリカを出たヒトがみな小柄だったわけではありません。たとえばオーストラリア原住民は低身長ではない。ピグミーはアフリカ、ネグリトは東南アジアと地理的には遠く離れているのに、両者共に男性成人の平均身長が約一五〇センチメートルと低身長です。これは、進化の結果、熱帯降雨林の環境に適応したためと考えられます。

森林内部では必ずしも食物が豊富でなく、高温多湿かつ植物が繁茂している。このため小柄な身体が適応上有利です。小さいほうが体積に対する体表面積の割合が大きいため体熱を放散しやすい。この適応的進化は比較的最近、およそ数万年の間に起きたと考えられています。

では一方、身長が高い人たちにはどのような遺伝的変異が起こったのか。たとえば同じアフリカでも、ケニアのマサイ族など二メートル以上もの高身長の集団がいる。これは一、二個の遺伝子ではなくポリジーンの進化でしょうが、本当のところはよくわかりません。

†均質なまま新しい環境に進出していった人類

山極　他の動物とは大きく異なるヒトの特性は、一種でありながら世界中に分布しているということです。生物的な遺伝の形質はほとんど変わらないが、ヒトが寒帯から熱帯に至るまでどこにでも住むことができるようになったのは、環境状況を緩和するような衣服・家などを持ったためである。しばしばそう言われますが、ぼくはそれ以前に認知的な変化があったと思うんです。要するに、人間に新しい環境に積極的に出ていくという特質が備わったのではないかと。

動物は保守的ですから、普通であれば新しい環境に出ていこうとしない。偶然、新しい環境に流れ着いてしまった場合には身体ごと変わりますが、人間の場合はそうではない。ホモ・エレクトスもそうですが、ヒトは文明を持つ前にアウト・オブ・アフリカを果たしている。

古いものを捨て、新しい環境にどんどん進出していく。このような野心・機運は他の動物にはない性質であり、ヒトの大きな推進力となった。これがヒトの生物学な性質を均一にしつつ、さまざまな環境に適応させるような文明を生んだ。言ってしまえば、ないものを求めるということですね。今、この場所にないものを新しい環境にはあると予想して、未知の場所へと進出していく。そのための準備と心構えが必要だった。人間はいつの頃か、そういった野心や挑戦意欲を持つようになったのです。

尾本　実は私も同じようなことを考えていますが、具体的なデータをもっていません。先生の話にも出てきましたが、ヒトとチンパンジーでは遺伝子の多様度が大いに違います。チンパンジーは個体数が少なくて全体で三〇万頭ぐらいしかいませんが、遺伝子は非常に多様です。一方、ヒトは現在七〇億人もいるのに遺伝子の多様度は低いのです。

チンパンジーとの共通祖先からヒトが別れたのはおよそ七〇〇万年前と推定されています。この七〇〇万年の間に、チンパンジーの形態や行動にはあまり変化がなかったのですが、ヒトの系統には非常に大きな変化が起きた。なぜ、そのようなことが起きたのか。

急速な進化の原因として考えられるものにボトルネック（ビン首）効果があります。環境の悪化などによって個体数が減り、絶滅寸前になるが、また復活して個体数が多くなることがあります。すると、このビン首の前後で形質が大きく異なることがあり得るのです。

約五〜六万年前にヒトはなぜアフリカを出たのか。その原因は明らかになっていませんが、個体数は少なく、五〇〇〇人とも一万人ともいわれます。この少数の集団が世界各地に移動する過程で、著しい変化、つまり地理的多様性が生まれた。そして山極先生がおっしゃったように、我々現生人にはそれまでのヒトに見られなかった特殊な特徴が現れている。ヒトは世界中に広がり、あらゆる環境に適応しつつ拡がっていった。遺伝だけでなく文化による適応があったでしょう。しかも、その過程で、ヒトはマンモスなど大型動物を絶滅させている。これは適応ではなく、何か文化的な理由があったと思います。

2 音楽の誕生

†子どもの好奇心とネオテニー

尾本 山極先生は先ほど、ヒトには何か新しいことをする衝動があるとおっしゃった。独断と偏見かもしれませんが、私はそれをネオテニー説で説明しようと思うのです。動物の子どもの特徴のひとつとして「好奇心」は極めて重要です。ネコなどを見ていると、子どもは好奇心というか探求心が旺盛ですが、大人になると本能のままに行動するように思います。ところがヒトの場合、子どもの頃の好奇心と遊びの精神が大人になるまで保存される。学者や芸術家には子どものような人が多い。私など、家内にいつも「子どもそのもの」だと言われていますが、褒められていると思って反論しません（笑）。

山極　子どもの特徴が大人になっても残るようになったのは、子どもの成長期間が長くなったからです。これには共同保育を通じて、子どもがいろんな大人と接するようになったことも関係していると思います。大人から子どもに向けられた行動が大人の間でも普及し、目的を変えて頻繁に行われるようになった。食物分配は、人間以外の霊長類の段階ですでに起こっています。大人同士で食物を分配する種は、大人から子どもに食物を分配する種の中でしか見られない。大人同士で食物を分配するけれども、大人から子どもに食物を分配しない種は存在しない。そのため、子どもに食物を分配するという行為がやがて大人の間でも普及したと考えられる。

類人猿の子どもは成長期間が長いため、それだけ親に負担がかかる。離乳をし始めてからも長いから、親は子どもに食物をとることを徐々に覚えさせなければいけない。子どもには食物をとる知識も技術もないから、大人が食物を分けてやって技術を覚えさせる。またマーモセットやタマリンは多産で双子、三つ子を産む。体重の重い子どもを何人も抱えていたら、母親は自分で食料をとれない。だからオスや年上の子どもが寄ってたかって共同保育をして、お乳が出ない年上のオスや子どもたちは食物を分けてやる。子どもは成長が早いぶん離乳も早いんですが、それまでは食物分配をする。

森林からサバンナに出てきて子どもがどんどん捕食されるようになったため、人間は離乳期間を早めて何度も子どもを産めるようにした。しかし人間の子どもの成長期間は類人猿よりも長く、母親以外の個体が子どもに食物を与えるのであれば、特別なものを与えなければいけない。その行動はやがて大人の間でも普及し、目的を変えて頻繁に行われる。さらには、食物を使って人間関係をコントロールするということが始まった。

大人と子どもの付き合いは長い間、子どもを中心として行われる。遊びのイニシアチブを握っているのは子どもですから、子どもが遊ぼうとしなければ大人は遊べない。しかもそれを長引かせようとするならば、子どもの積極的な関与が必要となります。とにかく遊びというのは子どもを中心として行われていて、そこではいろんな新しいルールが立ち上がってくる。遊びのルールは最初から存在するのではなく、遊んでいる両者または複数の者の合意によって新しい試みがどんどん出てくる。そこでは個々の野心が試され、みんなで結果を楽しむ。ルールというのはそういうかたちで定着していくため、新規のものができては消えていく。そういう精神が大人にも徐々に乗り移っていったと考えられるのです。

今おっしゃったように、ヒトにおいては行為のネオテニー化が起こっていく。子どもの精神・好奇心が大人の間に芽生え、普及していく。共同保育を通じて、それが拡大したのではないかと思うんです。

†歌の起源

山極　子どもの成長期間が長いことで生まれたもうひとつのものが、音楽です。ゴリラやチンパンジーの子どもと比べて、人間の子どもは体重が重い。人間は生後、脳が急速に成長する。栄養が行き届かなくなると脳の成長が止まってしまうため、補助脂肪を身体に巻いて生まれてくる。だから体脂肪率が高いわけですね。でも人間の赤ちゃんは重いうえにひ弱だから、お母さんはずっと抱き続けていられなくて置いてしまう。あるいは、ほかの人の手に渡してしまう。そこでは自然と母親と赤ちゃんが離れるという現象が生じてきます。お母さんはその時、自分があたかもその赤ちゃんを抱いているように働きかけなければいけない。そこで声をかけることをインファント・ダイレクテッド・スピーチ（Infant-directed speech 対乳児発話）と言い、世界で共通した特徴があることが指摘されている。赤ちゃんはそこで言葉や意味を理解するわけではなく、母親から発せられた音声を聞いて安心する。その音調は、どの民族でもよく似ている。これは子守唄のひとつのパターンで、音楽の起源のひとつではないかと言われています。

初めはむずかる赤ちゃんに対して発せられていた音声が大人の間に広がり、心を同一化させるようなファンクションを持って普及した。お母さんが言葉のわからない赤ちゃんに音声で働きかけ、安心感を与えるような作用が大人同士でも芽生え、それが人々をつなぐ接着剤になっていったのではないか。これも大人と子どもの間のインタラクションが大人同士でも普及した例で、まさにインタラクションのネオテニー化ですよね。そこでは、意味が変質していった可能性もあるのではないかと思います。

尾本　言語の起源について「言語よりも歌のほうが早かったのではないか」という説がありますよね。ネアンデルタール人が歌ったかもしれない（ミズン、二〇〇六）。おっしゃるように音によるコミュニケーションは重要で、広く生物界に広がっている。人間の子どもは言語以前にお母さんの声であやされ、安心する。

山極　しばしば、人間が言葉を話せるようになったことには二足歩行が関係していると言われます。二足歩行により喉頭が下がって口腔内に空隙ができ、声を出せるようになった。

つまり言葉ができる以前に、多様な音声を発するための装置ができていた。それまでは四足歩行で手が指示機能を持っていましたが、それだと胸の筋肉が発達し、胸が圧迫される。サルも地面から手を放して身体を起こせば、座っていても立っていても音声を発することができますが、人間の場合には常時それが可能となった。もちろん喉頭が下がったということもありますが、二足歩行によっていろんな音声を発することができるようになり、それがまず音楽というかたちで機能したのではないか。

さらに言えば、二足歩行によって上半身が自由になった。音楽の重要な機能は同調です。つまり、相手と同じような身振りをするということですね。二足歩行によって身体の支点となる腰の位置が上がり、上半身が下半身と別々に動くようになればダンスができる。ダンスは声と連動し、同調機能を誘発させる。人間はこれにより音楽的な身体をつくったのではないか。ダンスをすることにより相手に感応しやすくすれば、共感できるようになる。自分は独立して存在しているのではなく相手と一緒にいて、相手のことを自分のことのように考えられる。そして少々危険なことでも「みんなでやれば怖くない」と思ってチャレンジしてみる。共感力から野心・冒険・チャレンジなどといったネオテニー的な好奇心が芽生え、人間の保守性が徐々に開かれていった。そういう感じがするんですけどね。

†なぜヒトから音楽が出てきたのか

尾本　私も本の中で、ヒトの特徴として「歌と踊り」を挙げました。狩猟採集民は、歌い、動物の真似をして踊りながら一ヵ所をぐるぐる回る。アイヌの人たちもそうですね。みんなで踊ることによって互いに共感を持ち合うのでしょう。何か口ずさみながら踊る。類人猿も音を出しながら身体表現することがありますか?

山極　チンパンジーにも、人間と同じような行動があります。彼らは胸に共鳴袋を持っているわけではないので、壁など辺りを叩く。板根を叩くとすごく大きな音がします。リズミカルに足を踏み鳴らすこともあります。

尾本　ゴリラのドラミングは、遠くにいる仲間に何か伝えるのが目的なのか、近所の仲間たちにも向けられた合図なのか。

山極　両方ですね。夜にドラミングするのは明らかに、遠くにいる仲間とコミュニケーションを取るためです。またドラミングはディスプレイ(示威行為)でもあり、近くにいるオスやメス、子どもたちに見せるためにやる。ドラミングというのはだいたい九つの動作から成り立っていて、それがリチュアル(定式的)に演じられる。そのパターンは、チンパンジーが辺りを叩き回る行動とそっくりです。だから一連の行動は定式的・遺伝的に仕組まれている感じがしますね。

尾本 山極先生から「ゴリラには縄張りがない」とうかがって、「そんなに平和的な動物なのか」と驚きました。ドラミングによって縄張りを守ろうとしているわけではないのですね。

山極 オスは自分の集団を代表し、他の集団のオスと反発関係を保っている。縄張りがないのでいろんな群れが来るわけですが、そこで互いに混じり合えば、オスは自分の繁殖相手を取られてしまうこともあり得る。そこでオス同士が互いの権利を主張し合い、対等に渡り合う。

ゴリラのドラミング（胸たたき）（ルワンダの火山国立公園にて、山極寿一撮影。1982年）

尾本 微妙な問題ですね。

山極 動物は縄張りをつくって土地を守ろうとするわけですが、

ゴリラにはそれがない。しかし集団間の関係がいつも平和的であるわけではなく、互いに反発的な時もある。

尾本 狩猟採集民と文明人の大きな違いは、前者には戦争がないということですが、これには反対する人もいます。狩猟採集民には縄張りがありますが、土地、つまり生活に利用する空間を守るためです。「狩猟採集民は移動性だから土地などどうでもいいだろう」というのは大きな間違いで、むしろ農耕民のほうが新しい土地を求めて移動する。ゴリラの場合、あちこち移動するから土地との結びつきは弱いでしょうね。

山極 ええ、けっこう遊動範囲が広いので守りきれないんですよ。守っていたら、他のいい土地に行けなくなる。

尾本 一カ所にいたら、食料もなくなってしまうでしょうし。

山極 そうですね。

尾本 音楽の起源は面白いテーマですね。ドイツ南西部のホーレ・フェルス洞窟の遺跡から、クロマニョン人が鳥の骨やマンモスの牙を彫ってつくったフルートが発掘された。三万年ぐらい前のヒトがフルートを吹いていた証拠です。

山極 なぜ人間から音楽が出てきたのか。そこではおそらく、ないものを表すということが起こったのではないか。狩猟採集民が森・草原で出会ったゾウやバッファローなどを真似て表現する。それまでは基本的に、そこにあるものでしかみんなの合意を得ることはできなかった。みんなでどこかに行くという時、「あのへんにこの前食った美味しいものがある」という記憶はあったかもしれないけど、集団全員がそこに行くことに合意しているかどうかはわからない。しかしものを取ってきてみんなで分け合うということが始まると、それがどこから来たのか、それがどういうふうになっていたのかということを伝える必要が出てくる。あるいはゾウとどこで出会い、どれだけ危険だったのかということも何らかのかたちで伝えなければならない。

自分は知っているけれども、ほかの人は知らない情報を何らかのかたちで伝える。シンボルがない状況でそれを伝えるには、音楽や身振りで表現するしかない。そこから、みんながまだ経験していないことを伝えるという役割が芽生えてきた。新しい土地に行ってきて、そこには自分たちにとって喜ばしいものがあるということを仲間に伝えれば「今度、みんなでそこに行こう」ということになる。音楽や身振りは、そのきっかけをつくったのではないか。表現によって伝える能力が発達してくると、人々の間に新しいもの、未知のものに対する憧れが生じてくる。それがまさに、人間の認識を変えたわけです。

†なぜ大型動物を絶滅に追いやってしまったのか

尾本　今の話をうかがって、ちょっと複雑な気持ちです。ヒトはアウト・オブ・アフリカ以後、行く先々で大型動物を絶滅させているのですが、なぜそんなことをしたのか。明らかに食料として必要な数以上に殺している。マンモスの群れを崖から追い落として大量虐殺をしていますが、何百本ものマンモスの牙や骨を使って住居を造っていたためといわれています。

一方、ヒトの故郷のアフリカでは大型動物の絶滅は起こっていない。よそに行って、それまで見たこともない大きな動物に出会った時、男の暴力性が発揮され、力を誇示するために大量虐殺したのではないか。

山極　それにはあと二つ、理由があると思います。ひとつは動物側の問題です。アフリカには古くから人類がいたため、野生動物が人の活動に適応していた。つまり、人の狩猟活動に対して敏感に反応するような野生動物がいたわけです。これは重要なことですが、アフリカの野生動物は家畜化の可能性があったにもかかわらず、一種たりとも家畜化されていない。つまり、野生動物は人間に順応しなかった。動物が家畜化されたのは、後に人間が進出していったユーラシアです。アフリカにはスイギュウやヤギ、ウシ、ヒツジなどの原型がありますが、いずれの種も家畜化されていない。それは彼らが気性が荒すぎたり、逆にパニックになりやすい性質を持っていたからです。また、成長に時間がかかり過ぎたり、序列制のある集団を形成できないということが妨げになったとも言われています。

また人間はアジアに行くにしても、ヨーロッパやシベリアを越えて南北アメリカに行くにしても、食料がかなり少ない地域を通っていかねばならなかった。アフリカの熱帯雨林では、肉に頼らなくても食物資源が潤沢にあった。そちらの比重が大きかったゆえに、肉に対する渇望がそれほどなかったのかもしれない。しかしマンモス・ハンターはマンモスを追い詰め、絶滅させてしまった。しかも北アメリカに渡って一〇〇〇年ぐらいで、大型の哺乳類はすべて絶滅してしまった。オーストラリアでもそうですよね。そこには肉に対する憧れだけでなく、宗教的な要因もあったのかもしれない。

尾本　恐怖というか、大きなものへの対抗心があったのではないか。ニュージーランドが無人島だった頃、モアと呼ばれる飛べない巨大な鳥が一〇種類も繁栄していました。しかし、九世紀にポリネシア系のマオリ人がやってきて、食料にするために片端から殺したためモアは絶滅してしまいました。

マオリ人は好戦的なことで知られていますが、なぜ小人数の移住者が巨大なモアを絶滅させてしまったのか。先ほどおっしゃったように、人間には巨大な恐ろしいものに対して抵抗するという精神がある。特に男性には、そういうところがあると思います。女性が主導して渡っていれば、そんなことはなかったのではないか。

山極　実はそこで生き残っている動物もいて、絶滅したのはすべて移動性の動物です。

尾本　やはり大きい動物でしょう。

山極　いや、そうとも限りませんね。たとえばハトは大きくはないけれども、移動性の動物です。アメリカに大量にいたリョコウバトはやはり乱獲のために絶滅しています。定住性の動物であればヒトは自分たちの有限の資源と考えてコントロールしようとしますが、移動性の動物だとコントロールできない。そういう動物は来ても、すぐにどこかに行ってしまう。一度逃すと大変だから、来た時に全部捕ってしまう。当時の人間にはそのような思想があったのではないか。定住性の動物であれば捕り尽くさないようにコントロールしますが、移動性の動物だとそういう知恵が働かなかったため、「これはやばい」と思った時には手遅れだった。これに関してはまだ完全に結論が出ていませんが、人間が大型野生動物の絶滅、とくに移動性の動物の絶滅に手を貸したことは間違いない。

尾本　しばしば「狩猟採集民は平和だ」と言います。私もそう思いますが、大型野生動物を平気で殺してしまうという一面もあった。つまり彼らも、状況次第ではそういうことをしたわけですね。

山極　そこにはいろいろなケースがありますね。たとえばパプアニューギニア高地のダニ族など、戦争はしないという特徴に反するような例もありますし。あれは狩猟採集民というよりは農耕民、豊かな食料獲得民ですけど。あとアマゾンのヤノマミ族も農耕をしている狩猟採集民と言えなくはありませんが、民族内部での戦争状態が断続的に続いてますし、ひどい例がいろいろと報告されてますよね。生業形態だけではなく、その民族がもつ精神的な文化や伝統をよく調べないと、攻撃性の発露やその程度に関する違いは理解できないでしょう。

3　宗教と共同体

†宗教の誕生

山極　芸術についての話が出たので、それに関連付けてお話しします。ぼくは、芸術の根本にあるのはコミュニケーションだと思うんです。芸術のそもそもの動機は何かを創作し、それを誰かに伝えるということです。南アフリカのブロンボス洞窟から、内側に赤色オーカーの粉末が付着した一〇万年前のアワビの貝殻二枚が発見された。貝殻の近くではさまざまな道具も見つかっており、これは最古の絵の具工房が存在した証拠と見られている。おそらく最初はボディー・ペインティングを施して自らの身体を飾り、そこから衣服に発展していったのではないか。ネアンデルタール人が毛皮を着ていたことはたしかですが、彼らは縫い針を持っていなかった。ですからホモ・サピエンスまで、ファッショナブルな衣服や装飾品は登場しません。

四万年ほど前から、ヨーロッパで爆発的にいろんな装飾品がつくられるようになった。これは文化のビッグバンと言われ、芸術的な試みもどんどん出てきた。壁画が描かれ、石器も精巧なつくりになっていった。それらは集団のシンボルになったわけですが、交易の際、通貨の代わりに使われたこともあったでしょう。このように、人間の衣食住はコミュニケーション自体に左右されるようになったのではないか。

尾本　ヒトは何のためにコミュニケーションするのか。同じことをする人たちが集団をつくるというのが、文化の大きな特徴だと思います。たとえば、宗教。religion の語源、ラテン語の religio は集まるという意味だそうです。つまり宗教は、人を集める手段なのですね。人々にある考えを提示し、「みんな集まろう」と呼びかける。オウムの信者がいまだになくならないのは、勧誘に応ずる人がいるからです。

山極　それはありますね。これは先ほどの社会脳仮説の延長ですけど、ロビン・ダンバーは「現代人の脳の大きさは一五〇〜一六〇人ぐらいの集団に対応している」と言っており、これは現代の狩猟採集民のバンドの平均サイズとぴったり一致する。一五〇人というのはおそらく、社会資本だろうと思います。

六〇〇万年ほど前、人間の脳容量は一四〇〇〜一六〇〇ccだったというデータがある。言葉が生まれるよりずっと前に、それ以外のコミュニケーションを用いて一五〇人の集団が達成されていた。ではその集団は今、どのように生き残っているのか。我々は巨大な社会で、言葉を使って生きていると思っているわけですが、人間が本当に信頼できる社会資本はせいぜいそれぐらいでしょう。その人たちは言葉でつながっているわけではなく、身体的な同調を通じて得られた何か、一緒に共同作業をしたという記憶によって結び付けられている。幼なじみとかゴルフ仲間とか、あるいは一緒に何度も食事をともにした人たちとか。一緒に時間を過ごした楽しく懐かしい思い出が接着剤となり、そういう集団・つながりができる。

宗教というのは、それ以上に人々を集めるための接着剤となった。そこでは言葉が使われた可能性が高いわけですが、それだけで多くの人をつなぎ合わせることは不可能ですから、やはり神や仏などといった何らかの精神的重しが必要です。そういう重いものが言葉によって伝わらないと、人々は集まってこない。

尾本　一神教が出てきたことにより、集団の規模が拡大したのでしょうね。狩猟採集民の方はアニミズムですから、やはり一五〇人ぐらいの集団がちょうどいい。

†人間が裸になったのは一二〇万年前

山極　狩猟採集民の人たちはだいたい、アニミズム的な多神教観を持っている。コミュニティが成立してから住居ができたので、衣食住の中で住というのは最後に出てくる。九万年ぐらい前に縫い針みたいなものが出てきているので、プリミティヴなものであったにせよ、衣服はそこで登場したと思われる。ネアンデルタール人は縫い針を持っていなかったけれども、毛皮を着ていた。これは衣服とも言えますよね。

人間が裸になったのは一二〇万年ほど前という説があります。陰毛に住み着くケジラミと頭髪に住み着くアタマジラミでは種が異なり、彼らはいずれも毛がないところを渡っていけない。毛があるところが二つに分かれた時、人間は裸になった。DNAをたどっていくと、それは約一二〇万年前に起きたというデータが出てきた。

尾本　ライプツィヒの進化人類学研究所のマーク・ストーンキングたちの研究ですね。あれは面白い。

山極　人間が裸になった時、すぐではないにせよ陰部を隠したりしたのではないかと。

尾本　おっしゃったように、アタマジラミとケジラミは属も違うぐらいの別種ですが、アタマジラミとコロモジラミはよく似ている。コロモジラミは、人類が体毛を失い、衣服を着るようになってアタマジラミから進化したと推定されています。ストーンキングは世界中からシラミの試料を集め、核ゲノムの塩基配列を決定しました。それでコロモジラミの起源はおよそ七万年前、衣服の起源は約六万年前と推定しました。でも今言われたように、ヒトの身体が体毛で覆われ、陰部も頭髪も全部つながっていた時期もあったはずです(『ヒトと文明』九八頁)。

山極 ゴリラもチンパンジーもシラミがいますけど、一種類しかない。

尾本 そうですか。では人類のシラミも、もとは一種類だったのかな。今では、多様化していますよね。ヒトの文化依存性の進化の例になるでしょう。

山極 昆虫は寿命が短いのでどんどん変わるんですが、一二〇万年前だと相当違っているかもしれない。最初の衣服がどういう機能を持っていたかということについては、諸説紛々だと思うんです。そこでは怪我よけ、寒さ・暑さを防ぐ、陰部を隠すなどいろいろな目的があったと考えられている。

†住居と共同体の移り変わり

山極　衣服は個人のものですが住居はそうではなく、複数の人が寝泊まりする。しかもこれは、持って移動できない。住居の最も単純なものはピグミーがつくるドーム型の葉っぱの小屋です。これはわずか一時間ほどでつくられ、移動する時には二、三日でつぶしてしまうんですが、持ち歩きできないという点では同じです。ピグミーの場合、原則的に一人につきひとつの住居を持つ。母親と子どもは一緒に寝ますが、やっと一人入れるぐらいの小さな住居です。住居には複数の人が出入りし、寝食をともにすることが可能で、これは類人猿のベッドとは明らかに異なる。類人猿はみんなベッドをつくりますが、ゴリラ以外はみんな木の上につくる。これは安全かつ快適な眠りのための道具で、彼らはベッドだけあればいい。一方で人間がベッドをつくった形跡はなく、化石も出てこない。ですからベッドを通り越して、いきなり竪穴式住居や洞窟などといった住居が出てきます。

ピグミー系狩猟採集民の住居（写真：山極寿一）

人間は熱帯雨林を離れたことにより、ベッドの材料を失った。今の狩猟採集民のようにある期間そこに帰れるようなキャンプをつくり始めてから、住居というものが出てきた。実は、ひとつひとつの住居は人間関係を表している。たとえばリーダーの住居が中心にある場合、住居をその周りにつくるか、あるいは一列につくるか。そこではさまざまな特色があったにせよ、共同体の社会性を反映した配置がなされたことは間違いない。あるいはつくり方にしても、地位によって差があったでしょう。おそらくリーダーの住居が一番立派だったでしょうし、一夫多妻制であれば妻たちの間にトラブルが起こらないように住居をつくったでしょう。そこではいろいろなやり方があり、それがずっと続いてきて現在に至るわけですが、今の人間は共同体的な住居のつくり方を失ってしまった。つまり家が個別の持ち物になり、各人の好みでデザインされるようになった。

戦前までの都市・町・村では近所付き合いが重要だった。ですから家をつくるにしても大工の棟梁、畳屋、左官屋などいろいろな人がかかわり、近所の人たちも手を貸した。骨組が完成したら棟上げ式をやり、近所の人たちに家の中を見せた。人が住むようになってからも玄関は開けっ放しになっているから、近所の人が自由に出入りする。その家は個人の持ち物でありながら、共同体のみんながよく知っている。それが原則で、共同体の安全・安心を司《つかさど》ってきたわけです。しかし今、家のデザインは設計事務所が個人の希望に応じて決める。集合住宅の場合はまず建物をつくり、入居者を抽選で選ぶ。各人がそこに住むことが合意されているわけではなく、突然住居が建つわけです。二〇世紀以降、住居は共同体の社会性とはまったく無関係につくられるようになりましたが、これは共同体が意味をなさなくなったことと表裏一体です。

食べるときに集まるのはヒトだけ

山極　共同体はずっと衣食住を制約しており、これが人間の安全・安心につながっていた。ところが今では個人がコンビニで食べ物を買ってきたり、ネットで注文していろんな食材を取り寄せたり、デパートで買ってきたりする。土地のものを食べなくてもよくなったので、食も共同体から切り離された。しかもみんな孤食になって、家族ですら一緒に食事をしない。またファッションも土地柄、集団を表現しなくてもよくなった。今でも制服や校章・社章を身に付けますから集団性は一応生きているわけですが、全体としては個人的な好みが反映されるようになった。つまり衣食住のすべてが社会性を失い、別の社会性を帯び始めた。

尾本　今、孤食という言葉が出ましたが、これは面白い問題です。『ヒトと文明』にも書きましたが、狩猟採集民は孤食ではなく、共食です。食事はコミュケーションを図る社会行動と考えられます。家族や近隣のみなで食事を共にする。サルでも孤食はないでしょう。

山極　サルは基本的に孤食なんですが、ヒトの孤食とはちょっと意味が違う。サルはみんなで食べるんだけど、向き合って一緒のものをつまむことは絶対にない。そんなことをすれば喧嘩が起こる。喧嘩を避けるために、みんな分散するわけです。サルでも類人猿でも休む時に集まり、食べる時に分散するというのが常識なんですが、人間だけは妙なことに食べる時に集まる。

尾本　ゴリラでもそうですか。ゴリラは一緒に食べそうだけど、そうではないのですか。

山極　ゴリラは仲間に分配することがあって、その時には一緒に食べる。一方でサルは分配しませんから、強い者が取ってしまう。サルの食物は基本的に植物なので、動くことがない。サルは植物を動かさず、自然の分布に従って食べるわけですが、そこではしばしば鉢合わせすることがある。その時は必ず強いものが独占してしまうので、弱いものは食べられない。だからそこで食べるのではなく、自分だけが食物を得られる場所を探す。つまり、これは場所取り合戦なんですよ。先生は餌場のサルを見て、サルは集まって食べるという印象をお持ちになったのだろうと思いますが、あそこでは人間が餌を持ってくるので、みんな集まってきてしまうんですよ。サルにしてみれば迷惑な話ですね。

尾本　私は、ママヌワ族の年寄りたちにインタビューをした時、次のような経験をしました。日本のことを紹介するうちに、日本では、子どもが夜遅くに塾から帰宅すると、テーブルの上にお母さんのメモが置いてあり、「冷蔵庫に入っている食べ物を電子レンジで温めて食べなさい」などと書いてある、と言ったんです。子どもはその通りに一人で食事をし、一人で寝る、と。すると、ママヌワの人たちはどっと笑い、軽蔑する目で私を見るのです。孤食などしないのが彼らの常識なので、笑われ、軽蔑されてしまいましたよ。

山極　ピグミーの人たちも、そこに関してはすごく神経質になってますね。

尾本　もちろん、ピグミーの人たちも一緒に食事するのでしょう?

山極　ええ。彼らは食物を分配するんですけど、誰が誰にあげたかということがわからないように食物をそっと屋根の上に置いたり、子どもに届けさせたりする。彼らは、食物は人間関係を強く左右するということをよく知っているので、トラブルを未然に防ぐために極めて平等に分配します。一緒に食べるということは、逆に言えば隠れて食べないということです。隠れて食べると「あいつは今頃、おいしいものを食ってるかもしれない」と疑われますから。

尾本　ずるい人が出てこないようになっているのですね。かつてはすべての人間社会でそうだったのですが、今ではずるい人が勝つ。やはり、狩猟採集民と農耕民では全然違いますよ。私は常々「狩猟採集民から都会の文明人を見よう」と言っています。

4　性の問題

†インセスト・タブーは人間だけの現象ではない

山極　ヒトはなぜユニークなのかについて話してきましたが、ここでタブー、性についての話をしましょう。霊長類学の最も重要なポイントは「インセスト・タブー（近親相姦の禁忌）は人間だけの現象である」という通説を破ったことです。タブーというのは制度で、サルにそういうものがあるわけではないんですが、人間社会が忌避している近親相姦はサルの社会でも巧妙に避けられている。このことは一九世紀の文化人類学者にはまったく知られていませんでしたが、二〇世紀の後半にサルの研究が始まり、父子判定ができるようになったおかげでかなり精密なことがわかってきた。

実は、サルの親子関係は生みの親ではなく育ての親です。たとえばサルの母親が息子を育てた場合、息子は成熟しても母親に性的衝動を覚えず、交尾をしない。しかし母親と息子を生後すぐに引き離し、別々に育てたら交尾してしまう。また、生物学的な関係のない母親がその息子を育てた場合も、やはり交尾しない。つまり、生後のある時期の親密な関係がその後の性衝動を抑制するということがわかってきた。

一九世紀の終わり、フィンランドの人類学者エドワード・ウェスターマークは「幼児期の親密な関係は性衝動を忌避させる」と予言しましたが、これは世の中に広まらなかった。それはなぜかというと、同時代にフロイトがいたからです。フロイトは幼児期の性衝動について、次のようなことを言っている。幼児はまず異性の親に性的衝動を覚えるが、同性の親からそれを禁じられることによって性衝動を抑圧し、やがて近親ではない異性に対して性衝動を覚えるようになる。これはエディプス・コンプレックスと言われているものですね。この説が世の中に広がったため、ウェスターマークの説は黙殺された。

ところが霊長類学者は、フロイトの説に異を唱えた。人間以外の霊長類では、基本的にそういうことは起こらない。霊長類の中で人間だけが幼児期、異性の親に性衝動を覚えるというのはおかしいのではないか。アメリカの人類学者、エリック・ウルフは人間の社会で、次のようなことを調べました。台湾は厳格な父系社会ですから、将来結婚させる男女を幼児の時から一緒に育て、女の子に男の子の家系の風習を覚えさせるということをやってきた。台湾にはシンプア（新婦仔）という古くから行われてきた婚姻様式があります。

このような幼児婚で結婚した男女の間には、子どもがなかなか生まれないという報告があります。統計的に調べるとたしかに子どもはあまり生まれておらず、離婚するケースが圧倒的に多い。これは、幼児期にきょうだいとして親密な関係を持った男女の間には性衝動が生まれにくいというウェスターマークの説を立証している。また、イスラエルにはキブツという家族を否定した社会があります。ここでは、子どもたちを集団で育て、将来同じキブツで育った子どもたちが結婚してそのキブツを継いでいくことを期待した。しかし、子どもたちはキブツを離れ、別のキブツで育った異性と一緒になる傾向を示したのです。これもウェスターマークの説を実証する例と考えられるようになりました。このような調査により、人間以外の霊長類の類似性が明らかになってきた。

†バーバリーマカクの実験

山極　そしてもうひとつ、有名な実験があります。これは一九九四年の論文で、ジャタ・クエスターたち霊長類学者が調べたものです。まず、バーバリーマカク（サル）のコンファインド・トループ（confined troop 柵の中で飼っている群れ）に暮らす複数のオスと複数のメスすべての血縁関係を調べたうえで、性交渉を観察した。母系についてはすでに報告されているように、母親と息子、兄弟姉妹、叔母と甥のように四親等ぐらいまでは交尾がほとんど起こらなかった。今度は父系のほうを調べてみたところ、父親と娘をはじめすべての血縁関係でふつうに交尾が起こっていた。バーバリーマカクやニホンザルのようなサルは乱交で、メスが複数のオスと交尾をする。お母さんは自分が産むので子どものことをちゃんと認識しているんですが、お父さんはそうではないということがわかった。子どもも自分の生物学的な父親を認識しているわけではないんですね。

実はバーバリーマカクというのは、産まれたばかりの子どもをオスが育てることで有名な種です。このように、母親以外（アロ allo）が子どもを養育することをアロマザリング（allo mothering）と言います。そのオスは性別を問わず子どもをケアしますが、興味深いことに、メスの子どもが思春期に入っても自分を育ててくれたオスとは交尾しない。そのオスとメスの子どもには生物学的な血縁関係がないにもかかわらず、交尾しないわけです。メスの子どもが産まれた後、子育てするオスとの間に親和的な関係が芽生え、メスの子どもが思春期に達した時にそれが性衝動を抑制する。さらにはグルーミングや抱いて運ぶなどといった親和的な行動を一日に六分間、六カ月続けるだけでも交尾回避が起きることがわかった。ですから交尾を回避する父親と娘という認知を作るためには、一日のうち親密な関係を結ぶ時間はわずかでいいんですよ。

ピグミーやブッシュマンもそうですが、狩猟採集民には遊ぶ時間がたくさんある。男は狩猟に行きますがこれに費やす時間は少ないため、子どもと接する時間が長くなる。農耕社会・都市社会では男が朝から晩まで仕事に出てしまうため、子どもと接する時間が短いんですが、狩猟採集社会では男が子どもを抱いて遊ぶことが多い。そういう間柄ではおのずと、忌避《きひ》関係が生じているに違いない。父親と幼い子どもが親密に付き合うことは、異性の子どもに対する性衝動を生じさせないための方法となっている。父親が子どもとそういう関係を持っていれば、タブーは必要なくなる。

タブーというのはまさに制度ですから、義理の親と子どものように血縁関係になくても、それは忌避しなければいけない。そういう基準がなければ家族・共同体という組織が維持できない。だからこそタブーが生じてきたわけですが、これは霊長類の段階からすでにある現象です。霊長類の段階から受け継いできた人間の性の生物学的なあり方が、社会的な制度にまで発展するということがあった。これは面白い発見でしたね。

†人間はいつ頃からなぜ、性を隠すようになったのか

尾本　小さい頃から一緒に住んでいた親や兄弟姉妹とは、大きくなってもセックスアピールを感じない。ただ、異常な性的嗜好はありますね。父親が自分の娘を犯すとか。

山極　これは家の問題とも絡んでくると思うんですが、人間は人目をはばかり、密室で性交渉を行うようになった。公の場では欲望を果たせず、秘密になるからこそいろんな問題が起こってくる。これは人間にとって超えられない部分だと思います。サルや類人猿は性を隠すどころか、むしろみんなの前で堂々と行う。彼らにとっては、それこそがセックスのあり方です。人間はいつ頃からなぜ、性を隠すようになったのか。

ゴリラにしてもチンパンジーにしても、交尾期がある。メスには人間と同じように排卵周期があり、ほぼ一カ月程度です。チンパンジーのメスの場合、排卵前の二週間ぐらいは

陰部がピンク色に腫れる。これによって今発情しているということがわかるので、オスたちはそのメスのところにずらりと並ぶ。人間はどこかの段階で発情兆候を見せるという性質を失ってしまったのか、あるいは最初から持っていなかったのか。オランウータンもゴリラもそういう性質を持っていない。そのような性質は、チンパンジーと分かれてから失われたのか、あるいは分かれた後、チンパンジー属だけがそういう性質を持つようになったのか。これも意見が分かれるところですね。

尾本　先ほど衣服の機能として陰部を隠すということを挙げられましたが、これには例外があります。アマゾンのいわゆる裸族は、今でこそキリスト教の影響でパンツをはいていますが、以前は男女とも全裸でした。オーストラリアの原住民にも、衣服を着けない集団がありました。隠さないグループがあったのは、なぜでしょうかね。

山極　雪の降るところで衣服を着けなければ、生存にかかわる。熱帯で衣服を着るというのは明らかに、寒さを防ぐためではない。やはり性的な部分を隠す、あるいは逆に自分の身体を誇張するということも大きな理由になっていると思います。人間の場合、性器そのものが性的なアピールになっているわけではなく、別の部分がその役割を果たしている。たとえば身体そのものやうなじなど、セックスアピールがたくさんありますよね。

尾本　女性の乳房がそれですね。授乳の目的にしては大きすぎるし、必要になる以前から大きくなる。むしろ男性に見せるための魅力的器官でしょう。スリランカで古代都市シーギリヤの遺跡を見学していた時面白いことに気づき、写真をとりました。壁画に描かれた女性の中で、乳房を出しているのは王女、隠しているのは下女でした。ヒトのペニスも機能上大きすぎることは前にも話しましたね。もともと女性に対する魅力器官だったが、ある時から隠すようになった。これは面白い研究テーマですね。

山極　そうですね。人間の性の特徴や性行動は社会性の進化と関連づけて考察する必要があると思っています。でも、このへんの話は言いだしたらきりがない（笑）。

第17回 日本人類学会・日本民族学協会 連合大会
昭和37年10月12日　於東京大学

終　章
これからの人類学

第17回日本人類学会・日本民族学協会連合大会プログラム

1　日本から何を発信すべきか

†日本の果たすべき役割

尾本　人類学者は、自然科学としての人類学の成果を、若い人にもわかるように伝える必要があります。また、人間社会にとってなぜ人類学の知識が必要かを知らせなければならない。しかし、残念なことに日本では、人類学が高校や大学の一般教育課程でほとんど教えられていない。文化人類学の方はどうなっているのか、よく知りませんが。

山極　馬場悠男さんは高校の教育に人類学を導入することに熱心に取り組んでいて、特に自然人類学を教えようとシンポジウムを開いています。ぼくもそのシンポジウムに参加したことがあるんですが、人類学を高校の教科にすることはなかなか難しい。高校の先生からは「現場で教科としては教えられないけど、副読本・参考書として使えるわかりやすい人類学の本を書いてほしい」という要望があるようです。しかし実は、人類学というのは高校生に必要な教養であり、重要な学問です。

尾本　日本では、人類学は役に立たない学問の代表のように思われています。しかし欧米ではそんなことはなく、人類学は人気のある学問です。しかし、今の人類学の問題は、自然人類学と文化人類学が分かれていて、互いにあまり交流がないことです。分かれているから、実力が分散してしまい、社会的影響力も半減している。もし自然人類学者と文化人類学者がもっと協力すれば、日本学術会議などでももっと重要性をアピールできるでしょう。現在会員の山極先生には是非お考えいただきたい。

山極　先日、日本学術振興会の新学術領域研究に「文明の超克史論」というタイトルでアプライしたんですよ。これは自然人類学と文化人類学が合同して出したもので、残念ながらヒアリングまで行かなかったんですけど。代表者は愛知県立大学の杉山三郎先生、メキシコの遺跡を研究している考古学者です。自然人類学・霊長類学・大脳生理学・細菌学・認知考古学・文化人類学などいろいろな分野の方々が入って、総勢三〇人ぐらいになってるんですけど。

尾本　杉山先生には、メキシコでお会いしたことがあります。赤澤威《あかざわたける》さんは日本学術振興会のプロジェクト「ネアンデルタールとサピエンス交替劇の真相——学習能力の進化に基

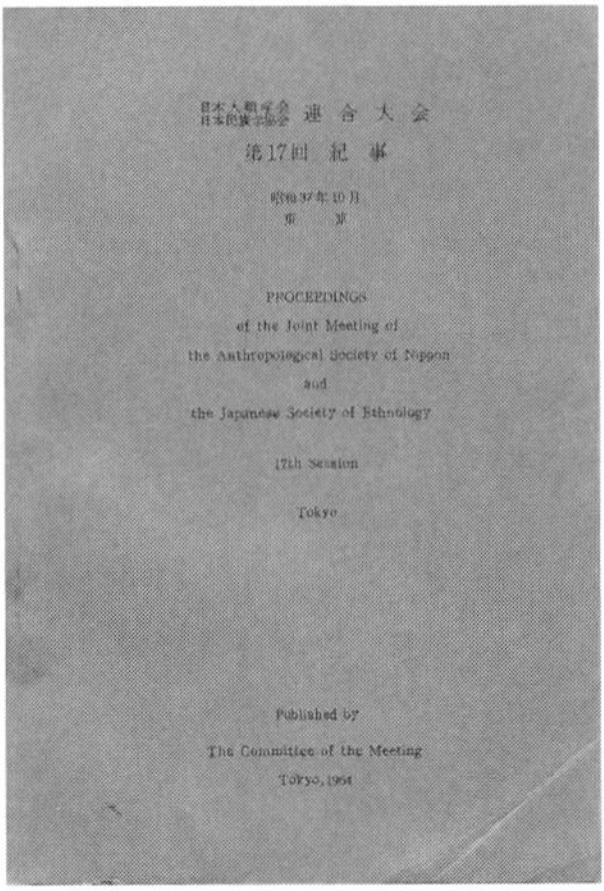

1962（昭和37）年に行われた、第17回日本人類学会・日本民族学会連合大会のプログラム

づく実証的研究」（平成二二〜二六年度）で代表者を務め、今度の文科省の新学術領域研究「パレオアジア文化史学――アジア新人文化形成プロセスの総合的研究」（平成二八〜三二年度）にも関わっている。今回の研究代表者は西秋良宏さんです。ネアンデルタール人のプロジェクトは文理融合で日本発の素晴らしいものですが、二回続いたら、もういいのではないか。他の重要な研究プロジェクトに道を譲られてはいかがでしょう。

山極　他の新学術領域研究に岡ノ谷一夫さんが代表者になって「共創的コミュニケーションのための言語進化学」というタイトルで申請しました。これも霊長類学を含む広い領域で共同研究を計画しています。最近、採択されたと聞きました。うれしい限りです。こういったテーマで共同研究が広がればいいんですけどね。昔は日本人類学会・日本民族学会連合大会で交流があったんですけど、今は交流が途絶えてますよね。

尾本　それこそが問題です。

山極　個人的には、湯本貴和さん（京都大学霊長類研究所長）とか斎藤成也さんのようにいろいろな分野を超えて活躍されている方はいらっしゃいますけど、学会全体としてそういう動きが少ないというのは大きな損失ですよね。文化人類学者と自然人類学者が集まって何かやるというのは、日本でこそできるんですよ。アメリカではけっこう分かれてしまっているので、そういうことは難しい。

尾本　日本発の研究が出てきてほしいですね。日本のいいところは、西洋のように一神教の影響下にないことだと思います。進化論が認められない州がある国など信じられない。

山極　そうですね。アメリカというのは大統領が就任する時、聖書に手を置いて宣誓するような国ですから政治と宗教が分離していない。そういう中で教育も相当な圧力をかけられていて、半分の州はまだ進化論を教えてはいけないことになっている。ですから、許容範囲の狭い文化ではありますね。

尾本　アメリカという国の歴史と文化を見た時、この国が現代文明の中心にあるのは、人類にとって不幸なことかもしれない。アメリカの原罪は、先住アメリカ人を虐殺して広大な土地を奪ったことと、アフリカ人の奴隷の労働力で建国したことでしょう。このような人権無視の歴史がアメリカを造った。

山極　ええ、特に人類学にとってはよいことではありません。ヨーロッパの人類学はかなり広い範囲をカバーしてますけど。

尾本　日文研（国際日本文化研究センター）にいた時の同僚で、今静岡県知事をしている川勝平太さんは「日本は力の文明ではなく、美の文明をめざすべきだ」と言っています。そうあるべきでしょう。

†情緒の豊かさが日本の特長

山極　ぼくは、これから世界を制するキーワードは情緒だと思うんです。情緒というのは英語に訳しにくいんですが、これは自然に寄せる心、人間と人間が交わす感性に響いてくる。日本の芸術・文学の大きな特長は、情緒が豊かであることです。たとえば「もののあはれ」とか。

尾本　情緒は、感性とは違うのですか？

山極　感性と言うと五感がすべて入ってしまう。情緒というのは心の部分です。二〇〇七年、京都大学に「こころの未来研究センター」という研究組織が発足しました。二〇〇三年、当時文化庁長官だった河合隼雄先生と京大の総長（長尾真）、京都府知事（山田啓二）の三人が発案者となり、こころの問題について話し合う「京都文化会議」が開催されました。これは二〇〇七年まで五回にわたって開催されましたが、そこで力を貸してくれたのが京セラの稲盛財団です。稲盛和夫さんは得度《とくど》されているんですが、こころにすごく興味があり、常々「これこそ、日本が世界に胸を張って出せるものだ」とおっしゃっている。ぼくもこれに同感です。こころというのは芸術に限らず、いろいろなところに関係してくる問題です。たとえば、日本が憲法九条を守り続けているというのもこころの問題ですよね。これをもっと前面に出して、世界をつなぐ平和の架け橋を作ったほうがいいんじゃないかと思うんです。

尾本　それにはまったく同感なのですが、日本がリーダーシップをとる場合、戦前の軍国主義への反省がなければならないと思います。武士道という日本人の良い「心」をはき違えてはいけない。

山極　うっかりすると、すぐ軍国主義のほうに行ってしまう。

尾本　日本の心・情緒の素晴らしさを発信しようとする時、そこに気を付けないといけない。学校で「道徳」の教育をやると言いますが、何を教えるのか。私は愛国主義者ではありませんが、日本列島の自然・人・歴史と文化は大好きです。世界的に見ても、日本人は非常に有能な人間の集団と思いますが、明治以降の政治的な歴史によって、ケチがつけられてしまった。指導者に問題があったのでしょう。

山極先生と同じ大学総長では、法政大学の田中優子さんを尊敬しています。江戸時代の視点から現代日本を相対化されておられる。縄文時代から江戸時代までの日本は世界にもめずらしい高い文化を誇ったが、明治以降、西洋の真似をするようになってから怪しくなった。でも、あの時、西洋の真似をしなかったらどうなっていたか。その問題は残ります。

†なぜ人間の由来に関心が起きているのか

山極　最近、みんなが歴史に興味を持っていて、歴史書もよく売れている。日本人の由来、人間の由来に想いを馳せなければならないほど今の人間観は不確かなものになっているわけです。これには二つ理由があると思うんです。まず第一に、我々が信じ込まされてきた歴史を裏側から見ると、まったく違う真実が見えてくる。たとえば「アフリカは暗黒大陸で、そこに住んでいる土人は残酷極まりないプリミティヴな人たちだ」というのが二〇世紀前半の欧米を中心とした歴史観だったわけですが、徐々にそれは間違いであることがわかってきた。「我々が単純に信じ込んできた歴史観は正しくないのかもしれない」と疑う人が出てきて、未来が不確かなものになってしまった。

また医療・生命科学・生命工学の発達によって遺伝子編集を可能とする技術が出てきて、人間あるいは家畜の種を変えてしまうことができるようになった。そのため、我々人間はどこへ向かっていくのかということが不確かになった。これまで長きにわたって、人間は身体を通じて他者と同調してきた。ところが最近ではインターネットなど、脳だけでつながり合うことができるコミュニケーション・ツールが出てきた。AIはその最たる例ですね。人間が一生の間に蓄積した知識・経験はその人間が死ぬと滅びるものだったんですが、AIのようなものが出てくるとそれは滅びなくなる。データに変換できるものはすべてコピーできるため、AIの中に個人のみならず複数人の知識・経験が蓄積されていく可能性がある。

つまりそこでは、我々の知識・経験がひとつのデータになってしまう。そういうあり方が可能になると、我々人間の未来がわからなくなってくる。人間はこのままの身体をしていないかもしれないし、キメラみたいになるかもしれない。たとえば、ブタの臓器は人間の臓器と大きさが等しく、移植に適しています。特定の臓器や組織を形成しないように遺伝子操作されたブタ胚に、人間の多能性幹細胞を注入して臓器を形成させることができます。これを人間の体内に移植すれば、まさにキメラになってくるわけです。また、遺伝子編集技術によって、自分が好む性質を備えたデザインベビーを出産することも可能になる。今はそういう時代を迎えつつあるので、人間の身体の由来にまで遡り、人間を生物学的に見直さなければならなくなった。これが第二の理由ではないかと思っています。

人間という存在が根本から揺らいできたので、再び過去を見てみる。ですから「やっと人類学者・霊長類学者の出番が来た」と思ってるんですけど（笑）。

尾本　最近の『毎日新聞』（二〇一七年三月一二日付）に、総合研究大学院大学学長の長谷川眞理子さんが「ＡＩは本当に必要か」という題でよいことを書かれました。「ヒトの倫理観の進化的基盤については、まだ分からないことが多い。絶対に正しい倫理基準が一つあるというわけではないだろう。だとしたら、ヒトの情報処理能力をはるかに超える人工知能に与えるべき『倫理』とは何なのだろう？　人工知能自身が下す判断というのがあったとして、それは私たちにとって心地よいものではないかもしれない。」

たしかにｉＰＳ細胞は医学としては素晴らしいものでノーベル賞に値するが、果たしてそれはどれほどの数の人間を救えるのか。地球上に存在する約七〇億の人間、とりわけ医療の恩恵にあずかっておらず、苦しい生活をしている人たちにとって、今の文明下の医療はどれだけの意味を持っているのか。さらに言えば、文明はいったい誰のためのものなのか。ほんのひと握りの資本家が現代文明の主導権を握り、彼らが儲かるようにいろいろな技術が開発されている。私は、どうしても、そういう文明を愛せない。

†文明の発展を後戻りさせられるか

山極　日本学術会議が二〇一三年に出した声明「科学者の行動規範」（改訂版）には「公平性をきちんと見据えた研究をしなければならない」とはっきり書かれています（科学者は、研究・教育・学会活動において、人種、ジェンダー、地位、思想・信条、宗教などによって個人を差別せず、科学的方法に基づき公平に対応して、個人の自由と人格を尊重する）。今、ほんの一部の金持ちのために文明が利用されているとおっしゃいましたが、最近、公益資本主義という考え方が出てきています。企業は株主総会を開くわけですが、そこでは株主への利益配分に四苦八苦している。会社というのは従業員・消費者・社会に貢献するように運営されなければならない。その方向に舵を切ろうとしている資本家たちがいないわけではありませんが、今のところはごく少数です。

特に世界企業には地域性がないため、どこかで大きな搾取をしている。たとえば、大企業によってコーヒー豆の価格が統制されてしまうため、生産者がいくら働いても収入が上がらないとか。いろんなところでそういうひずみが出てきて、格差を生んでいることは事実です。そこでは、大きな資本主義の弊害が出始めている。生物の進化というのはなかなか逆戻りできませんが、文明は発展の段階にありながら逆戻りできるんでしょうか。

尾本　そこには政治が関係してきますね。それと、教育ですね。人間は子どもの時からの教育次第でどんな存在にもなりうる。

山極　農業から始まって次第に首長制・君主制を生み出し、帝国主義が出てきた。そして封建制度ができて資本家が育ち、現在に至る。今、グローバルな時代を迎えているわけですが、部分的には逆戻りしているものもある。そもそも商売というのは、価値が異なるところに移動することによって儲けが生じる。そこではトランスポートに金をかけていたため、海上や陸上を使った輸送業者が儲かっていた。しかし今のようにＩｏＴ（Internet of Things モノのインターネット）が流行ると、ものを動かさなくてもよくなる。そこでは価値を置き換えるだけでいいので、ものの移動が止まるかもしれない。グローバル化は物流を加速させるはずだったのに、ものを動かさない時代が来るかもしれない。これはある意味で、昔に逆戻りしていると思うんです。

それから今、地産地消が言われ始めていますよね。世界中のものをどんどん交換するのではなく、その土地でとれるものを使う。建築家の隈研吾さんは「建物がコミュニティと切り離されてしまうのはまずいから、コミュニティに戻そう」と提案しています。彼はコミュニティの中にある竹などの自然資材を用い、コミュニティに合った建物をつくることを宣言している。そういう人たちが出てくるということは、ある意味で時代を逆行しているわけですよね。時代によって幸福の尺度は違うし、求められるものも違うわけですが、現代に置き換えてみたら「昔のもののほうが価値がある」ということかもしれない。ですから常に右肩上がりの経済を志向するのではなく、社会を主、経済を従としてつくりかえる方法を考えていったほうがいい。経済ではなく社会が駆動力となるのであれば、社会の発展段階に甲乙はほぼないので、後戻りも可能とするような発想が出てくるかもしれない。

尾本　地球・文明を救おうとするならば、現代文明の反省にたった「自己規制」が必要です。実は、二〇世紀の後半にそのチャンスがありました。一九七〇年代、レイチェル・カーソンの『沈黙の春』やローマクラブの『成長の限界』、コンラート・ローレンツの『文明化した人間の八つの大罪』、エルンスト・フリードリッヒ・シューマッハーの『スモー

ル イズ ビューティフル』等の本がベストセラーになりましたね。

これらの本は「地球資源は無限である」「人間は環境を支配できる」「経済はいくらでも発展できる」というような考え方に対する警告で、世界中の多くの人が読んだ。それにもかかわらず、ここに書かれていることが何もいまだに実現できていない。資本家と政治家が意図的にこれを無視したからです。国連はあの段階で、これらの書物が傾聴に値すると言うべきだったが、国家の利益代表が集まる場には期待できない。

†閉塞感の中での人類学者の役割

山極 ぼくは、反省や自己反省が行われなかった大きな原因は、原子力にあると思います。成長の限界がはっきり見えていたから、七〇年代から原子力発電所がつくられるようになった。産業革命というのはエネルギー革命でもある。産業革命に匹敵するようなエネルギー革命を起こせば新たな未来が開けると考え、原子力発電所を増やしてしまった。それで、我々が今まで犯してきた環境汚染や気候変動の問題が吹き飛んでしまった。

尾本 そうですよね。原発には、「汚染されたごみの廃棄」と「事故が起きたときの対応」という極めて重大な問題点がある。誰にでもわかるこれらの問題を解決する目途が立たないままに原発を造り、さらに増やそうとするのは、日本のように国土の小さな国ではやってはならないことだったのです。学者にも責任があった。

山極　日本のように原爆を落とされた国が、原子力エネルギーに旗を振った。そういう皮肉なことをやりましたから。

尾本　一九八〇年代にも、科学技術文明の無批判な発展を抑制・転換させるチャンスがありました。この頃、南極上空にオゾンホールが現れましたね。あの段階で炭酸ガスの過剰放出による地球温暖化についての議論が活発化しましたが、これに対する懐疑論も少なくなかった。私が日本学術会議会員のとき「地球温暖化などない。今はちょうど間氷期なのだ」と言う先生がいて、大議論したことがあります。

わが国の主導で、温室効果ガスを減らそうとする国際的取り組みの結果、一九九七年に京都議定書が出されることになったが、肝心のアメリカが不参加で効果があがりません。

その後、二〇〇六年に映画『不都合な真実』（デイビス・グッゲンハイム監督）が公開され、主演のアル・ゴア（元アメリカ副大統領）の「地球温暖化を食い止めよう」という一大キャンペーンが世界中で話題になった。しかし、結局は効果がなかった。大国の政治家と財閥が賛成せず、国連など国際的組織も弱体だった。

山極　先生が今おっしゃったように、七〇年代から二〇世紀の終わりにかけて、世界では次のようなことが言われるようになった。地球のみならず宇宙も含めて、我々が利用できる資源は限られている。もはや、無限の未来は開けていない。今ではこれが世界の常識になっており、どこの国も一種の閉塞感に覆われている。人々はその閉塞感の中で、自分という存在の意味について考えている。これは二一世紀に入って「人間はどこから来て、どこへ行くのか」という問いになったわけですが、人類学者は果たしてどういう道を提示できるのか。これは我々に課せられた問題だと思います。

†教育の劣化

山極　我々はこれまで終始一貫して、価値観の向上を目指してきたように思い込まされている。しかし人類学者のようにかなり古い時代まで遡り、人間というものを見てきた者からすれば、今の人間は進化においても文明においても決して頂点に立っているわけではない。そういうことをきちんと言ったほうがいいと思うんです。たとえばブータンでは国王の提案により一九七二年から国民総幸福量を調査し、これを増加させることを政策の中心としている。つまりここでは経済力ではなく、幸福度を重視しているわけです。

尾本　二〇一七年の世界の幸福度ランキングではノルウェーが一位で、北欧諸国が上位を占めていますが、日本は五一位と低いランクです。恥ずかしい事です。この現状を学校などでどのように教えているのでしょうか。メディアでそういう記事を見ても、自分のこととして真剣に受け止めない。また学者は、単なる評論家に終わっています。

地球と文明に対する危機を小学校の段階から教育しなければいけないと思うのですが、日本の学校制度はそうはなっていない。「国のやることはいいこと」と教えるばかりで、より広い視野を持たせるような教育をしない。このままでは、仮に国が変なことをやっても、子どもたちはそれを信じてついていってしまう。それでは、教育に関しては、日本は北朝鮮とあまり違わないのではないかと思うのです。

山極　今日では家族も地域共同体も壊れてしまっているため、個人は裸の状態で政治と向き合わされている。そういう意味で、世界はみなフラットになり始めています。北朝鮮を独裁国家と言って笑えない。政府・政治家としては、個人が生身で政治と向き合っている状態のほうがコントロールしやすい。地域や家族がフィルターになっていろいろな力を持ってくると、政府・政治家は個人をコントロールできなくなる。今の日本の政治は個人をコントロールしやすいようになりつつありますが、これは政治家の意向というよりはむしろ、コミュニケーションの変化の現れです。我々は個人でインターネットにアクセスし、顔の見えない他者と点でつながり合っていますが、そこには何のフィルターもかかっていない。昔であれば、そんなことはあり得ない。誰か知らない人と付き合うためにはまず知人に紹介してもらい、その知人を介して組織対組織、組織対個人、個人対個人という段階を踏んでいかねばならず、その段階がなくなることはなかった。ところが今は生身の身体すらなくて、脳と脳で他者とつながり合っている。ですから我々はある意味、コントロールされやすい存在になってしまった。

尾本　ドイツの学校では、子どもたちに自由にディスカッションさせ、先生は口を挟まない。たとえば戦争についてディスカッションする時には、右も左もいて熱心に議論するのですが、先生は結論めいたことを何も言わない。そうやって議論しているうちに、みんな自然と「いいものはいい、悪いものは悪い」ということがわかってくる。しかし、今の日本の教育では上から下に一方的に教えるばかりで、自由な取り組みができない。だいたい、今、学校の授業でディスカッションなどないでしょう。昔の中学・高校では社会科の授業である程度ディスカッションをやっていましたが、いつの間にかなくなってしまった。国際社会で、日本人は議論下手といわれるのはこんなところにも原因がある。

山極　まず、対話がなくなりましたよね。インターネットの中で一言二言つぶやくのは対話ではない。

尾本　トランプ大統領が盛んにやっていますが、あれは無責任で、ポピュリズム（大衆迎合主義）をあおりたいだけ。よくないですね。

山極　先ほど「人口が増えると悪い奴が増える」とおっしゃいましたが、今は世間というものがなくなってしまった。インターネットがあれば、密室に籠って何でもできる。家に居ながらにして食べ物や服を注文できるし、いろいろな物流を操作することもできる。さらには株式の取引もできますが、そこでは自分を監視する者・実体がなくなってしまっている。あとでドーンと露出して自分のやっていることがばれるかもしれないけど、ばれないうちは何をしていても構わない。これは要するにモラル破壊ですよね。あくまで個人が中心になっているから、自分がしていることがどれだけ組織・共同体・他者に波及し、どういう影響をもたらすかということを計算しなくてもいい。もちろんばれた時には問題になるわけですが、いずれにせよルール依存的になってしまっている。

尾本　昔は学校の先生ではなく、家族が道徳を教えていた。「親の背中を見て育つ」というのが道徳教育です。今は家が役割を果たさず、二言目には「勉強は学校でしなさい」と言う。おかしいですよ。やはり家族や地域社会での人と人のつながり、コミュニケーションが大事です。デジタル社会では人間同士のつながりがなく、人間は情報と化した。私はアナログ人間の確信犯です。詐欺やハッキング、無責任な悪意に満ちた書き込み等、不愉快なのでブログとかSNSは使いません。心の通じ合う人間同士で「共食」しながら学問について話し合うのは実に楽しい。

2　人類学に何ができるか

†人類学はいったい何の役に立つのか

山極　九〇年代ぐらいから、自己実現というのが強調されるようになった。これにはいい面も悪い面もあると思うんですが、かつて、自己実現というのがこれだけ強調されたことはなかった。自己実現が最も容易なのはスポーツです。たとえばオリンピックでメダルを獲得するというのは、自分の努力がそのまま成果に影響している。一方で学問というのは、簡単に自己実現できるものではない。

尾本　そうですよね。みんながノーベル賞をとれるわけじゃないから（笑）。

山極　今では学問も、スポーツと同じような基準で測られるようになってしまった。たとえば論文を何本か書けば、それが業績となって就職もできる。小さい頃からそういう価値観を教え込まれるから、他人を押しのけても自分の成果を出すという目標を立ててしまう。学問とは本来、そういうものではなかったはずです。

「オールジャパンで二〇二〇年の東京オリンピック・パラリンピックを目指そう」という気持ちはわかるけど、それを単純に学問の世界に当てはめるべきではない。それだけでなく、もっといろんな社会貢献の仕方があると思うんです。自己実現というのは他者を押しのけて、自分が一番になることではない。小さい頃からそういうことをきちんと教えなければいけないと思います。みんなそうなってしまったら、競争社会を助長することになる。これは、人類がこれまで経験してこなかった事態です。個人が勝とうとする世の中は逆に、敗者を大量につくりだす。そうすると格差社会が目に見えるかたちで進んでくる。

尾本　私は、文明の未来に対して全く希望が持てない。以前から「人類学はいったい何の役に立つのか」と聞かれると、むしろ自慢げに「役には立ちませんよ」と答えていました。

飛行機や車や薬を造り、法律や経済について研究し、または病気を治す医学などは「役に立つ」のでしょうが、人類学はそういう「物作り」の学問ではない。しかし私は、今の時代、ある意味で人類学は極めて「役に立つ」学問になりうると思っています。

人類学は、我々自身である人間を研究する科学です。その意味では基礎医学に似ていますが、病気を治すわけではありません。我々ヒトという動物は、文化がなければ生きられず、また文明という独特の生態的システムを造るユニークな特徴をもっています。また、文化や文明には驚くべき多様性があります。なぜそのような存在になったのか。それを科学的、歴史的に理解しようとするのが人類学で、そのような学問はほかにありません。

今、人類はテロや戦争、環境破壊、行き過ぎた経済発展、格差・差別の人権問題などに悩まされています。このままでは、人類は近未来に滅びるかもしれない。しかし、それらの問題の根源は、すべてヒトという動物が造り出した文明というシステムにある。

今までの理科系の人類学では、文明のことなどは人文・社会科学に任せておけばよいとの考えでした。しかし、人類の多様性と進化を研究した人類学が、「人類鉄道」の終着駅になるかもしれない文明というシステムに興味をもたないとしたら、それはおかしい。我々が自分たちのことをより深く知ろうとすれば、人間が造り出した文明の問題は自然人類学の研究対象になりうるし、またある意味で義務的対象ではないでしょうか。

そして、文明をより深く理解するには、その歴史を学び、前に述べた様々な失敗を反省しなければなりません。バランスの取れた学問的知識に立って、文明の将来をどう見るか。今の文明は、あまりにも経済を重視して過剰に発展し、一方ですべての人類の幸福を考えていない。どうしても「自己規制」の必要性を考えねばならないでしょう。自己規制をすれば技術的・経済的発展は少し遅れて、先進国の生活の便利さが少し減るかもしれないが、人類全体の幸福度を向上させる可能性がでてくる。このようなことを考える人類学は「役に立つ学問」になりうると思っています。

物理学は役に立つ学問の基礎だと言われますが、物理学者は原子爆弾を考えだし、その使用を止められなかった。人類学も、かつて人種分類の結果として差別を広め、先住民のお墓から盗掘した人骨を陳列したことなど、反省点は多い。

文明のありように対して何か物申すことは、今や人類学の社会的責務ではないでしょうか。しかし、今の人類学は自然と文化に対応する二つのほとんど独立の学問に分かれていて、交流がほとんどない。これが、人類学の潜在能力を開花できない原因になっている。何度も言いますが、これは不幸なことです。坪井正五郎が提唱した総合人類学的な考え方で、考古学、民族学、民俗学など他分野を巻き込んでいく必要がある。前述の「エイプの会」の思想が今も生きていたら、我々はもっと国や権力に対して発言できると思うのです。

†DNAから人権までの総合的人類学を

尾本　最近『毎日新聞』（二〇一七年四月九日付）の書評欄に載ったインタビュー記事で、私は進化による変化と文化の変化は違うと述べました。よく誤解されるのですが、アフリカで生まれたヒトが地球上に拡散し、気候条件に適応しながら多様な身体的特徴を持つようになったのは進化、つまり遺伝子の変化の結果です。

ヒトは文化なしでは生きられないように進化した動物です。しかし、文明は進化とは関係がない。各地で農耕が始まり、文明が発生したのは偶然の結果だと思います。農耕の開始以後、土地の私有や支配・被支配の関係ができてきたのですが、これは遺伝子による進化ではない。人間の欲望や価値判断による技術が肥大するのです。

何度も言いますが、わずか一万数千年前まで、ヒトはすべて狩猟採集民でした。まるで台風のように、偶然に発生した小さな変化が次第に勢いを増しながら地球を席巻してきた文明が、格差や戦争を生んだのです。今、行き詰まりを見せている文明に、どうしたらヒトにしかできない「反省」や「自己規制」を組み込むか。そのために「DNAから人権まで」を視野に入れた新たな総合的人類学が求められています。

「DNAから人権まで」と言うと「自己宣伝だろう」と言われますが、そうではありません。DNAは生物の基本要因で、人権は人間の目指すべき究極の倫理と考えられましょう。つまり、始めと終わりです。まずDNAから個体ができ、文化によって集団と社会になる。社会は法律や政治組織等を造り、さらに複雑化しますが、そこでは戦争や差別などネガティブなことも起こってくる。そして、人権、人間の尊厳をいかに守るかが問題となる。

人類学が人間を知ることを目的にするなら、これらすべての要素に取り組むことができる。私はDNAの研究から人類学者になりましたが、最終的に目指しているのは、先住民族の人権という問題です。しかし、逆に、人権問題を研究してから最後にDNAの研究をするのは難しいと思います。その意味で、文化人類学から自然人類学への方向転換は難しいが、自然人類学から文化人類学へ拡張するのは可能かもしれない。そんなことを言ったら、文化人類学者に怒られるでしょうか（笑）。

山極　DNA・個人・社会というのはそれぞれレイヤーが違うんだけど、すべてつながっている。下部にあるもの（DNA）はすぐ上のもの（個人）に影響しますし、一番上のもの

（社会）にも影響しないとは限らない。当然のことながら、一番下のものは上のものにかなり大きく作用する。今はレイヤーごとに討論していてつながりがないんですが、これからはそれらを一本につなげなければならない。

尾本　一本につなげて、人間について論じる。一人では難しければ、何人かで集まって協力すればいい。学際的研究です。この大規模なのを東大と京大が協力してやるのはどうでしょう。東大と京大だけで威張っていると思われるかもしれませんが、そうではない。日本の人類学が東大と京大から始まったという歴史に立ち戻る、というつもりなのです。

山極さんと私が言い出しっぺになって、日本発の新しい総合的人類学を提案していきたい。私としては坪井正五郎さんから続く日本発の人類学の歴史を踏まえてやりたいけれど、歴史嫌いの人もいますから、どうしますかね。

山極　今は学問が分化し過ぎていますからね。それをつなぐのが人類学だと思うんですが。

†基礎研究の衰退

尾本　私の弟子や孫弟子を見ていると、分子人類学の研究は今、技術的発展がすさまじいことがわかります。遺伝子でなくゲノムの研究になっている上に、技術の進歩によって研究が進む。結局、研究費が潤沢で高い実験装置を買えた者が、『ネイチャー』や『サイエンス』にたくさん論文を出して、学界をリードすることができる。金がなくともアイデアで勝負するという風潮が少なくなった。そもそも、学者の評価が論文の数だけでなされるのが問題です。しかも、たいてい大勢の共著者がいて、誰のアイデアの論文かわからない。学生に向かって「DNAから人権まで」などと言っても、すぐに論文になるわけではない。しかし、シンポジウムや共同研究プロジェクトのキーになる概念を探し求めることはいい。若いうちは、今は仕方がないから小論文をたくさん出しているが、いずれは自分なりに大研究をやってやろうという夢を持ってほしい。一生の間に一つでも良いから、自分が本当にやりたかった研究ができればよい。

山極　今は業績主義で、論文の内容よりも数のほうが重視される。だからどうしても、論文になりやすい研究をしてしまう。それに、外部の資金を得ることが称賛されたりしますから。

尾本　それもどうかと思いますよ。それと、日本の科学研究行政の偏りが気になります。ノーベル生理学・医学賞をとられた東京工業大学の大隅良典先生は「日本の基礎研究の状況はあまりにもひどい」とおっしゃいました。文科省はノーベル賞をとった先生には多額の金を出すが、一般の基礎科学研究者の研究費はお粗末なものです。大問題ですよ。ノーベル賞をとった人は、ある意味ではもういい。いくらでもスポンサーが付くでしょうし。むしろ、これからノーベル賞をとるかもしれない無名で優秀な研究者にお金を出すべきです。文科省は、平等・公平に研究費を配分するために「パイ」の全体をもっとけた違いに大きくすることを考えたらよい。そのためのキャンペーンをすべきではないでしょうか。

山極　二〇一七年四月の『ネイチャー』に「最近、日本の研究者の論文数が八パーセント落ちた。これは日本が科学研究に投資しなくなった結果である」という記事が出ていました。『ネイチャー』も国際発信するほどに、日本の科学事情は深刻だということです。

尾本　恥ずかしいことですよ。経済大国を自任するのであれば、もっと科学研究費を増やすべきです。世界的に見ても、日本の対GDP科学研究費は国際比較で下から数えたほうが早いぐらいといいます。研究費がないから、つい軍事研究に手を出してしまう人もいるでしょう。今、日本学術会議では軍事研究の問題で大変だそうですね。

山極　そうですね。問題なのは、基礎研究がどこで軍事とつながっているかが見えにくくなっていることです。防衛技術の向上が必要なことは論を俟《ま》たないのですが、それが武力を用いた攻撃に転じないとはだれも保証できません。日本学術会議はこのたび、一九五〇年の「戦争を目的とする科学の研究は絶対にこれを行わない」、六七年の「軍事目的のための科学研究を行わない」という二つの声明を「継承する」とした声明を出し、軍事的安全保障研究では「研究の入り口で研究資金の出所等に関する慎重な判断が求められる」としています。今、各大学でこの声明を受けて研究の指針作りが行われていますが、何を軍事研究とみなすか、どういう条件や規制を設けるべきか、あいまいな点が多々あって苦労しているところです。

†科学と宗教のモラル

山極　ぼくは、世界で重要になってくるのはたしかな人間観だと思います。国家間の利益争いの中で、人間の未来はつぶされていくのか。政治的な境界を超え、学術に携わる人たちは互いに手を取り合わなければいけない。軍事研究を抑制するのもそのひとつです。ぼくは、人間の安全保障という考え方が大事だと思っています。戦争では自分たちの国の人間は助け、相手の国の人間を滅ぼそうとするわけですが、両方とも滅ぼされるべきではない。どこかで対話をし、宥和策を見つける努力をしなければならない。どちらかが占領・支配することによって、コンフリクトの解決をするべきではない。地球上の約七〇億の人間はどうすれば幸福を共有できるのかということを、各々が真剣に考える。そのためにはみんなで、人間観についてきちんと話し合う場をつくらなければならない。

尾本　科学として軍事研究に興味をもつ人はやればいいけれど、基礎研究を貧困な状態にしておいて「お金がないなら軍事研究をやれ」というのでは困る。

山極　それは最悪ですね。

尾本　基礎科学の現状はちょっとひどすぎるというのが実感です。

山極　軍事研究をやりたい人はいると思いますが、やりたくない人を金で釣って軍事研究をさせるというのは絶対にやってはいけないことです。

尾本　残念ながら、それを疑いたくなる。

山極　さらに、今、世界を席巻しているのは科学と宗教ですから、これらを対話させなければならない。技術だけがどんどん先へ進んでいき、それを使う人たちが出てくる。宗教は後付けで、それにゴーサインを出す。

尾本　それは難しい問題ですね。

山極　実は、科学も宗教もモラルを持っている。科学はもともと哲学ですからね。ただ科学と宗教では、それを応用する範囲が違う。科学は常に証明しなければいけませんが、宗教はその必要はない。証明する論理、証明せずに信じる論理が合理的に結びつかないと、人々は安心感を持てない。一方では科学を信じ、それで割り切れない部分は宗教に寄りかかって生きるというように、変な分担ができあがりつつある。そこを解消しなければ、これからの未来は開けない。技術を悪用するのは宗教かもしれない。平和を訴えておきながら、「平和を達成するためにこの暴力が必要だ」というようなことを言ってしまう。科学者がそれを否定したとしても、宗教に心を預ける人たちはそこで科学を捨て、技術を取ることになりかねない。

尾本　アメリカは今、そういう傾向にありますね。

山極　これからは、科学と宗教がきちんと手を取り合っていかねばならない。そのためには対話をしなければいけませんが、それができるのは日本だけだと思います。なぜなら日本は、それらと近い立場にあるからです。

†自然への畏怖の衰退

尾本　科学と宗教の対話はぜひとも必要ですが、そこで忘れてはならないのはアニミズムの復権です。「アニミズムなんて宗教じゃない」と言われるが、これは宗教の原点で、自然に対する愛情と畏れの表れですよ。畏敬の念がなくなると、人間はろくなことをしない。古代人は、いろんなことが怖くて仕方がなかった。火山が噴火したり、日食になったりすれば、何か悪いことが起こる。彼らはそう信じて、おとなしく生きていたわけです。

現代人は科学によっていろいろな事実を知り、宗教によって心が満たされるかもしれないが、戦争やテロはなくならないし、格差・不平等、不正義の点でも一向に良くならない。もっと謙虚になって、おとなしくならなければ駄目ですよ。本来であれば、それは親が子どもに言うことなのですがね。

現代人はあまりにも傲慢になった。謙虚になるためには、やはり歴史を勉強するしかない。歴史の中では戦争や植民地など、人間性を否定するどれほどひどいことが起こったか。それを子どもたちにも隠さずに教えるべきです。そうしてはじめて「あんなひどいことはもうやめよう」と思うようになる。それが大事ですよ。

第二次世界大戦中、ドイツではヒトラーが悪行の限りを尽くした。二〇〇五年、ベルリンの街の中心に「虐殺されたヨーロッパのユダヤ人のための記念碑」（ホロコースト記念碑）がつくられました。一万九〇七三平方メートルの敷地にコンクリート製の石碑二七一一基が並び、高く連なっている。地下にはホロコーストに関する情報センターがあり、犠牲者の氏名や資料などが展示されています。

ワイツゼッカー大統領の「過去に目を閉ざす者は、現在の世界も見えない」という言葉には感銘を受けます。ドイツでは、一部の極右のグループを除き、そのような考えが一般的に認められています。

ところが日本では、一部にいまだにあの戦争の責任を認めない傾向がある。子どもたちに教育勅語を暗唱させている幼稚園があるというので、北朝鮮を思い浮かべました。戦争や侵略の原因に一神教とエスノセントリズム、それに教育の問題がある。エスノセントリズムとは、中華思想がよく知られているが、自分たちの民族・国家が世界の中心で、周りには蛮族がひしめいているという古代からの思想です。もしかしたら、文明を救えるのはアニミズムかもしれない。こんなことを言うのは人類学者だけでしょうが。

山極　今のようにネットの文化が栄えると、腐らないものが当たり前になってくる。自然というのはどんどん腐り、そうでなければ新陳代謝していくので、同じようなことは起こるけれども同じことは二度と起こらない。ところがネットの世界では、同じことを繰り返すことができる。しかもものは腐らないので、そこで回転を逆戻りさせることができる。子どもたちはそういうものだと信じ込んでしまっているから、何かを壊しても元に戻せると思っている。今の人間は、そういう世界観に支配されはじめているんですよ。

物事はその場限りのことで、ある時点で間違いであることに気づいても戻れない。自然と付き合えば、そういうことを知ることができる。しかも相手は、自分の思う通りに動いてくれない。たとえば身体や五感の違う動物とは一〇〇パーセント理解しあえるコミュニケーションはできないので、自分がこうさせようと思っても絶対にその通りにならない。イヌやネコを飼うのもいいですけど、自分とコミュニケーションできない生き物と付き合うことが大事です。自分が操作する側になるのではなく、操作される側に立つという経験をしたほうがいい。

尾本　先ほど「科学と宗教は対話すべきだ」とおっしゃいましたが、実際には排他的な宗教が多く、人々は自分の宗教しか信じない。しかし仏教は、あまり排他的ではないですよね。どうすれば、異なる宗教同士が仲よくできるのか。このことを、子どものうちから教えねばならないのですが、実際は全く反対のことが行われていますね。

宗教の問題を考える上で、町田宗鳳《そうほう》という異能の僧侶兼比較宗教学者が書いた『人類は「宗教」に勝てるか――一神教文明の終焉』（二〇〇七年）は非常にためになる本ですね。

山極　そこで科学者が橋渡しできればいいんですけど、なかなか難しいですね。

†最後は教育が大事

尾本 こういう話をしていると、近所の子どもたちを集めて塾でも開きたくなってきます。やはり、子どものうちから教育しなければ駄目ですね。大人では時すでに遅しで、考えが固まってしまっている。大学の教養部に人類学の講義があるけれども、たいてい文化人類学でしょう。ぜひ広い意味での人類学を教えてほしい。何も、人類学と言わなくてもいいから、若い人たちに、自然と文化の両面から人間とは何かを考えさせていただきたい。

生物としてのヒトから文化を持つ人間や文明を担う者が出てきた。私はヒトを「文化に依存し、文明を造る動物」と定義しています。重要なのは、文化と文明を区別することです。人類学と銘打たなくてもいいから、そういうことを教える仕組みをぜひ作っていただきたい。まずは、京大あたりでそういう授業をやっていただけないか。

山極 人類学は高等教育だけでなく、高校教育にもどんどん手を伸ばさねばならない。そうしないと追いつかないですよ。大学だけで世界観を変えるというのは無理です。遅くとも高校から始めたほうがいい。

尾本 でも高校も受験勉強でいそがしくて、それどころではないですね。

山極　そうなんですよね。今や少子化が進んでいるから、大学はそんなに狭き門じゃないはずなんだけど。

尾本　受験勉強をやらない人たちはいるのかな。

山極　それはいるでしょう。今、大学進学率は五五パーセントですからね。

尾本　じゃあ、残りの四五パーセントの人たちはどうされるのですか？

山極　ええ。専門学校には行きますけど、これは大学ではない。専門学校も入れると、進学率は七〇パーセントぐらいになります。しかし専門学校というのは一、二年で、資格を取れば終わってしまう。社会人になってから専門学校に行く人も少なくないですよね。高校には九九パーセントの子どもたちが入っているので、今はほとんどすべての子どもたちが高校の教育を受けるのですが、そのうち半分しか大学へは行かない。これは先進国では低い数字です。

尾本　そうか。やはり高校教育が大事なのですね。

山極　ええ、今後は中学教育も大事になってくるでしょうけど。私の生物学的な人間観で言えば、クリティカルな時期は離乳期・思春期・成熟期です。実は人間の離乳期・思春期というのは、生物学的に特殊な時期なんですよ。人間は離乳しなくていい時期に離乳してしまうので、二〜六歳ぐらいまでの約四年間はいろんなことの臨界期でもある。言葉を覚え、味覚、音感などといった人間にとって大切な感性が定まる時期なので、ここで何を経験するかが重要となってくる。そして思春期というのは一二〜一六歳です。これはちょうど中学・高校に通っている時で、思春期スパートが起きる。そこでは心身のバランスが狂い、とんでもない夢想を抱いたりする。

尾本　親離れが起きる。

山極　先生がおっしゃるようにこれはネオテニーで、好奇心がぐっと広がる時期でもある。ですからこの時期にどういう人が先導し、支えるかが重要になってきます。人間は一人では生きられず、そこにはいろんな人がモデルとして登場してこなければならない。その時、思春期の子どもたちをどのような人的環境が支えるか。これは人格形成にとって重要な時期で、それを試すところが大学です。つまり、一二〜一六歳までの思春期スパートの時期と大学の四年間は一体化している。ですからこの時期は継続的に教育するべきなんですが、受験で完全に切り離されてしまっている。これはまずいと思っているんですけどね。

尾本　やはり、教育は一番大事なことですね。

山極　つくづくそう思います。

3　大学・博物館の問題

†国立科学博物館の人類学研究

山極　京都の人類学者について、今西さんの学問的な熱意を継いだのは伊谷さんで、事業的な熱意を継いだのは梅棹さんであるとしばしば言われます。今西さんは霊長類研究所やモンキーセンターなどといった組織を立ち上げるのがすごく上手くて、リーダーとして活躍された。伊谷さんはアフリカ地域研究センター、アフリカ地域研究研究科を京都大学に作って生態人類学の拠点を立ち上げた。霊長類研究所では川村俊蔵さん、河合雅雄さんに続いて杉山幸丸さん、加納隆至《たかよし》さん、古市剛史さん、湯本貴和さんへと霊長類社会学や生態学が継承されています。伊谷さんは西田利貞さんへと引き継ぎ、私の後は今、中川尚史《なおふみ》さんが人類進化論の教授をしている。梅棹さんもまさに民族学博物館を立ち上げ、多くの後継者を育てることで大きな功績を残した。先ほど自然人類学の坪井正五郎さんや長谷部言人さんに連なる人脈については詳しくお聞きしましたが、文化人類学の石田英一郎さんのお弟子さんたちは、主にアンデスのほうの研究をやってますよね。

尾本　アフリカ文化の研究で名高い川田順造さんは石田英一郎先生の一番弟子ですよ。今いわれたように、今西さんの立ち上げ能力を梅棹さんが引き継いだ。梅棹さんは最初、あれを人類学博物館にしたかったのですが、東大の鈴木尚先生が頑として反対された。下世話な想像ですが、もしかしたら長谷部先生も鈴木先生も、それを許せば京大に人類学を取られてしまうと思ったのではないでしょうか。

山極　東京には科博（国立科学博物館）がありましたからね。

尾本　でも科博に人類研究部ができたのは、鈴木尚先生が東大を定年になって行かれてからなのでずいぶん後、一九七〇年代のことです。今や、科博で非常に活躍しているのが人類研究部です。篠田謙一さんや海部陽介さんなど、形態学から遺伝学まで優秀な研究者がそろっています。

山極　馬場悠男さんが基礎をつくられたんですよね。

尾本　科博は今、入館者がすごく多くて大変ですよ。最近の『ラスコー展』も、その前の『恐竜博二〇一六』もとても評判になった。すごい人気で、大変な数の人が訪れますが、そのわりには狭くて、満員電車さながらの時もある。外国の自然史博物館の広さ、内容の充実とは比べ物になりません。大阪の民博（国立民族学博物館）は広くてうらやましい。

二〇一三年から、東大副学長だった林良博さん（専門は獣医学）が科博の館長を務められています。彼とは、かつて「自己家畜化」の研究会で一緒だった仲間です。彼がある時、「ちょっと心配なことがある」というのです。科博の人気が出れば出るほど、博物館を一種のアミューズメントパークと考える人が増える、と。

それまでの科博は、はっきり言って文部省（文科省）の天下り先でした。事務次官が退官後、科博の館長になっていた。それで、学者の間ではちょっと恥ずかしいことがあったのです。ニューヨークにあるアメリカ自然史博物館は世界有数の科学博物館で、たまたまある日本人研究者がそこの地学部長だった。以下は、その先生から聞いた話です。

あるとき、アメリカ自然史博物館で世界博物館会議が開催された。世界中から館長が集まってきたが、みんな学者です。恐竜の専門家、昆虫の専門家、哺乳類の専門家など、世界的に著名な学者が集まっている中で、日本の科博の館長だけはお役人です。パーティの時など、共通の話題がなくて彼だけ浮いてしまい、同じ日本人として恥ずかしかった、と。

このことからも、日本では科学博物館を国際的なレベルで考えていない。つまり、大学と同じ科学の研究機関なのだ、ということがわかっていない。最近やっと、学者の林良博さんが館長になったので、私などは快哉を叫びました。これでようやく海外と同じように、学者が館長になった、と。

山極　たしかに博物館長にはそれにふさわしい見識がほしいですね。恥ずかしながら、今私も公益財団法人日本モンキーセンターの博物館長を兼任していますが、博物館は学術と社会が直接顔を合わせる場所だと思っています。人々からのどんな質問にも答えねばならないし、世界で起こっているその分野のあらゆる事情に通じていなければならない。だから、博物館長は学者がなるべきだし、博物館は大学と人事交流を通じて太いパイプで繋がっていなければならない。総長職が忙しくて館長職がなかなか果たせていないのですが、そういった意識はしっかり持っていこうと思っています。

†アミューズメントパーク化が研究を阻害する

尾本　しかし、さきほど話したように心配なのは、科学博物館を単なるアミューズメントパークのように考える人がいることです。昔の見世物小屋の現代版のように受け取られている。研究なんかどうでもいいから、珍しいものを外国から借りてきて見せればよい。そういうことを考える人がいるかもしれないので、注意する必要がある。

科博の活動は今、展示は東京の上野で、研究は筑波で、と分離しています。不便でしかたがない。まず自己の研究があって、そのうちの重要なものを展示する、というのが科学博物館の理想的な姿です。自分の研究成果でもない、外国から借りてきた恐竜化石なんか展示しても、外国の研究者には見てもらえません。

山極　アミューズメントパーク化は大きな問題ですね。日本モンキーセンターに関しても、まったく同じことが言えます。モンキーセンターは一九五六（昭和三一）年の設立以来、名鉄（名古屋鉄道）が資金援助をしてきたんですが、二〇一四年に公益財団法人になった。その時に我々は、名鉄からモンキーセンターを譲り受けたんです。一九五〇〜六〇年代は設立当初の精神を生かして博物館活動を大々的にやっていたんですが、徐々に入場者数が大きな指標となり、動物園の経営が中心になってしまった。それはまさにアミュー

愛知県犬山市にある日本モンキーセンター（写真：山極寿一）

ズメントを目的とした動物園ですが、本来はそうあるべきではない。他の動物園の歴史とは違って、モンキーセンターの場合はまず研究施設ができ、博物館ができ、最後に世界サル類動物園ができた。あくまでサル学に関する展示をすることが一番の目的で、それが当初のモットーでもあったわけです。サルを知ることは、ヒトを知ることにつながる。ですからまさに、ヒトに結び付けてつくられたわけです。

日本の動物園は基本的にアミューズメントパークとしてつくられたので文科省の管轄ではなく、いまだに各地方自治体によって管理されている。県立・市立の動物園は税金でまかなわれているため、観客が入らなければ意味がない。私立の動物園は入場料で運営していますから、観客の数が最も高い関心になる。東京には上野動物園、多摩動物公園、井の頭自然文化園がありますが、これらの施設でも基本的に入園者数が重視される。つまり、学問なんてどうでもいいと。

日本モンキーセンターでは公益財団法人になってから、入場者数を重視しなくなりました。それまでは年中無休で、休みがなかったんですよ。動物園は必ず週に一度、月曜日は休園日にして、観客がいない状態で動物の環境改善をしたり研修会を開いたりしているんですけど、モンキーセンターは一日も休まず、正月三が日も全部営業していた。しかも職員はみな、動物園でしか勤務したことがないのでサル学を知らない。それではいかんということで週二日休みにし、さらには別に一週間ほど休みを取ってサルのフィールドへ見学に行くようにした。アフリカやアジア、南米に行ったり、あるいは日本のいろんなフィールドを訪れたりする。そして毎月一、二回研究会を開く。隣に霊長類研究所があるので、そこから研究者を呼んでいろいろな研修をするんです。

尾本 プリマーテス研究会がそういうふうに変わったから、霊長類研究所が充実したのですか？ 霊長類研究所が設立されたのは何年でしたか？

山極 一九六七（昭和四二）年です。霊長類を対象とした学問の広がりが大きくなってきたため、日本学術会議から勧告を受けて京都大学にそういう研究所をつくることになった。ただし京都につくるのではなく、名鉄が日本モンキーセンターの隣の土地を提供し、つくることになったわけです。近くには東大の演習林もありましたし（生態水文学研究所）。

尾本 モンキーセンターにいた研究者が霊長類研究所に移られたのですか？

山極 河合雅雄先生はそうですね。でも伊谷純一郎先生はその時、すでに京都に移っておられましたので、モンキーセンターから霊長類研究所に行く人はあまりいなかった。

尾本 東大の我々は、それを見て「京大の人たちにはやり手が多いな。うちの先生方はおとなしくて、政治力がないなあ」などと云っていました。我々若手は、いろいろと不満でしたよ。京大がうらやましい、ちょっと妬ましいという気持ちがありました。

山極　でも霊長類研究所（霊長研）に来られたのは、東大の先生が多いんですよ。

尾本　こう言っては悪いけれど、東大を捨てて行かれた方たちですね（笑）。私はそういう歴史をも踏まえて、今後は東大と京大がもっと一緒になって活動するよう提案したい。

†アンチ東大としての京大

尾本　新しい総合人類学の構築に向けて、東大と京大が協力すれば相当な影響力があると思います。私はこの年ですから、何を言っても怖いものがないのですが、先生はバリバリの現役で、しかも大学の最高責任者の立場におられるので、あまりいろんなことを言うと、具合が悪いかもしれませんね（笑）。でも京都大学は、学者の自由を尊重しますね。東大はそうでないから、うらやましいですよ。

山極　東大は日本最初の帝国大学として一八七七（明治一〇）年に設置され、京大はそれから二〇年後、二番目の帝国大学として一八九七（明治三〇）年に設置された。東大には、日本の政治を背負って立つ官僚をつくるという目的があった。ですから京大をつくる時、あえて「アンチ東大をつくろう」ともくろんだ節があるんですよ。西園寺公望《さいおんじきんもち》は一八九四（明治二七）年から一八九六（明治二九）年まで文部大臣を務め、京大の設立にかかわった。彼は一〇年間フランスに留学しているので、フランスの自由平等の思想をよく知っていた。それで初代学長に立てたのが、「自重自敬《じちょうじけい》」というスローガンを掲げた木下廣次《ひろじ》です。木下さんは一八七二（明治五）年、明法寮（後の司法省法学校）に入り、ギュスターヴ・エミール・ボアソナードのもとでフランス法学を学んだ後、フランスに留学した。

帰国後は東大法学部教授に就任し、第一高等中学校（後の第一高等学校）の校長も兼任していた。ここで有名なエピソードがあります。一高の寮生たちはあまりにもバンカラ気質で、馬鹿騒ぎをして自治を叫んでいた。他の総長では手に負えなくなり、放り投げたところを引き取った木下さんは学生たちに「全面的に自治を認める。責任をもって自分たちの行動を律せよ」と言った。そのとたんに寮生たちの狼藉、馬鹿騒ぎがなくなったそうです。木下さんは学生たちに、自由について きちんと考えさせることによって秩序を保った。

尾本　「自重自敬」というのはなかなかいい言葉ですね。

山極　これは初代総長である木下さんの訓辞なんですよ。

尾本　いやぁ、いい話を聞きました。京大がアンチ東大だということは、うすうす感じてはいましたけれど。しかし、お互いに良いところは評価し合っています。

山極　先ほども言ったように、木下さんはフランスに留学して法律を学んでいる。京大で最初につくられたのは理工科、医科、法科なんですが、法科は官僚の国家試験を受けるための勉強をするところではなく、人間にとって法とは何かということをきちんと研究するところとしてつくられた。だから多くの学生は国家試験を受けなかったんですけど、後々そのことが問題になって（笑）。

尾本　面白い話ですね。みんなそんなことを知らず、東大も京大も同じと思っている。

山極　実は違うんですよ。

尾本　そう、違うところがいいのです。京大が東大と同じだったら、がっかりしますよね。結局、東大は政治と経済の支配者、それに高級官僚を養成した大学なのですね。

山極　京都は東京からちょっと離れているから、国家権力を少し冷静に捉えることができた。

尾本　ある意味では東大があったから、京大の発展もあったわけで。京大が先にできていたら、どうなっていたかわかりませんよ（笑）。

†戦争と東大・京大

山極　今西さんは戦時中、何人かの学者を引き連れて中国・内蒙古の西北研究所に行った。今西さんが所長、石田英一郎さんが次長になりました。泉靖一《せいいち》さんなど、東大からも何人か行っている。あとは中尾佐助さんや梅棹忠夫さん、森下正明さんとか、のちに活躍した学者たちが参加してますね。

尾本　錚々たるメンバーじゃないですか。

山極　歴史の偶然だと思いますが、彼らが無傷で帰還したことが、その後の日本の学問の発展にとって大きな貢献を果たしました。梅棹さんは単独で列車を乗り継ぎ、ずいぶん苦労して帰ってきたそうですが。

尾本　それは面白い話ですね。今、そのお話を聞いていてふと思い出した人がいる。東大の鹿野《かの》忠雄《ただお》さんという地理学者です。実は、地理学も自然と人文の二つに分離したところが人類学そっくりです。地理学から出発されて人類学者として大成された方には照葉樹林論の佐々木高明先生がおられましたね。

鹿野さんの業績は多岐にわたり、昆虫学者、生物地理学者、民俗学者として知られています。小学生の頃から昆虫採集に熱中し、中学生のときに北海道・樺太までフィールドを広げ、成果を雑誌に発表した。さらに台湾の昆虫に魅せられ、日本統治時代の台北高等学校に入学したが、ほとんど学校には行かず、新高山《にいたかやま》（現・玉山）をはじめとする高山地帯の昆虫や小動物の採集に没頭し、次々と新種を発見した。また、この頃から、生蕃《せいばん》と呼ばれていた台湾先住民（高砂族）と行動を共にすることが多くなります。

一九三〇（昭和五）年に東大の地理学科に入学された後もたびたび台湾に渡り、南玉山に初登頂するなど精力的な登山活動をしました。台湾先住民の民俗学的研究論文も発表され、理学博士となります。太平洋戦争勃発後、一九四二（昭和一七）年に陸軍の嘱託としてフィリピンのマニラに赴任します。今西先生たちのように守られず、兵隊にさせられたわけです。彼はフィリピン博物館で民族学の資料を集めたりしていましたが、あるアメリカの人類学者が「鹿野はなんと素晴らしい男か。こんな立派な日本人がいるのか。優秀な研究者が兵隊になっているのは残念だ」と言っています。

その後一時帰国し、一九四四（昭和一九）年に民族学の調査のため北ボルネオ（サバ）に赴任しますが、終戦前後に行方不明になってしまった。一説によると、彼は反戦主義者で現地人の側に立って、軍の命令を聞かなかったらしい。それで殺されたのではないかといわれるのですが真相はわからない。非業の最期だが、学者としては一貫していた。
私には彼の一生が他人ごとではないとの気持がある。昆虫少年、山登り、先住民との交流、人類学に似る地理学という学問。そして、悲劇的な最期。もしかしたら、私もマヌワ族の人たちと一緒に悪徳鉱山会社と戦い、暗殺されるのかと夢想することがあります。

山極 こういうことに関しては、真実を暴くと抹殺されるかもしれませんね。

尾本 何だか、話がまとまらなくなってきましたね。

山極 創立の歴史を見てみても、東大と京大ではずいぶん違う性格を持っていますね。

尾本 京大の先生方は今でも、それを意識していらっしゃる？

山極 全然してないですね。むしろ忘れ始めている。昔の人は、そういうのを覚えてるんですけど。

尾本 今の京大の先生たちに、東大のアンチテーゼとしての京大という意識がどのぐらいあるのか。今は「偏差値がいいから入った」というだけの学生が多いみたいですね。

山極 むしろ東大から京大に移ってきた先生たちのほうが、そういう意識が高いことがありますね。東大は息苦しいから京大に来て、京大で自由に研究できた。そういう人はけっこういるんですよ。

尾本　東大では出世コースから外されてしまったので京大に行った。申し訳ないけど、何人か思い当たる方がいます。

山極　東大から来て、名物教授になっている先生方が何人かいますけどね。逆に京大から東大に移籍して活躍している人もいる。

尾本　でも、それでいいじゃないですか。歴史を見てみても、東大と京大の役割はそれぞれ異なる。今までだって、必ずしも一緒になってやってきたわけではない。やはりライバルがいるというのは大事なことです。ライバルがいたからこそ、日本の人類学がこれだけ発達したわけです。東大または京大だけだったらこれほど発達しなかったと思うんです。

山極　切磋琢磨してきたということですか？

尾本　まさにそうですね。

†学生と教師の古き良き関係

尾本　私はかねてから京都大学の今西先生や柴谷さん、梅棹さんのことを尊敬していて、実際に何度もお会いしたこともあります。逆に、東大の長谷部先生にはいやな質問をして怒られた。

山極　それはアカデミズムのいい文化ですよね。若いうちから積極的に先生たちと議論する。

尾本　今の学生は、講義のあと先生に質問しないですね。まあ、質問されても答えられない先生がいるので、質問すると嫌われることもあるらしい。でも、それでは困りますよね。質問して先生を困らせる。先生は、いい質問だなと感心する。それが健全な教育だと思うのです。

前にも言いましたが、渡辺直経《なおつね》先生は学生たちとお酒を飲み、議論しながら人類学のエッセンスを教えた。みな、自分独自の「人類学像」をもてといわれました。実は、渡辺先生の年代学の授業は面白くなくて、私なんか寝てましたけれど、夜になるとらんらんと目が輝いてくる（笑）。

そこでは先生と学生が本音をぶつけ合い、理解を深めた。今、みんな渡辺先生のことを忘れてしまっているけれど、私はずっとご恩を忘れない。数年前、私が言い出しっぺになって「直径《ちよつけい》先生を偲ぶ会」というのを銀座のナイトクラブでやった。先生のお好みの場所だからと勝手なことを言って（笑）。

山極　昔、人類学会で直径さんと呼ばれて慕われてましたよ。

尾本　あれだけ愛された先生は少ないですよ。ご子息の渡辺直熙《なおひろ》さんは寄生虫学が専門で、東京慈恵会医科大学の名誉教授です。彼に『ヒトと文明』を差し上げたのですが、直径さんのことをだいぶすっぱ抜いているから叱られるかと思った。「大変な呑兵衛の先生だ」なんて書いちゃったから、息子さんに「悪いことをしました」と申し上げたら「いいや、その通りですから」と言われました（笑）。

奥さまは九〇を超えてまだお元気のようですが、私のことを聞いて懐かしんでおられるそうです。学生時代には奥さまにさんざん迷惑をかけました。直径さんは飲んでいて、夜一一時になると寝てしまう。みんなでご自宅までお送りすると、夜中なのに奥様は「まあ、ちょっとおあがりなさい」とおっしゃる。それに甘えて図々しく上がり込むと、気のきいたつまみがすっと出てくる。こんないい奥さまがおられるのだな、と感じ入りました。「知る人ぞ知る」ですが、奥様は阿川弘之の『春の城』のヒロインのモデルですよ。

山極　昔はそうでしたよね。ぼくらもよく、伊谷先生や河合先生の家に乗り込んでました。夜も更けてから酔っ払ってお邪魔するんですけど、向こうもお酒とつまみを用意してくれて。今考えてみると、申し訳ないことばかりしていたなと（笑）。

尾本　今だったら奥さんが嫌がって、絶対にやってくれないですよ。いやぁ、良き時代でしたね。

山極　今の学生は、全然家に来ないですもんね。

4　総合的な人類学へ

†自然人類学と文化人類学のあいだ

尾本　繰り返しになりますが、人類学が力を失ったのは、自然と文化が分裂してしまっているからです。「それなら自然と文化が一緒になればいいではないか」と言う人もいますが、これだけ疎遠になっているとそれは容易ではない。もちろん、交流を持つよう努力はすべきと思いますが、むしろ第三の総合人類学、日本発の総合人類学が出てきてほしい。

たとえば私は東大だから坪井正五郎の名前を出しますけど、山極さんは今西錦司の名前を出すでしょう。坪井さんの総合性は、今もっと評価されていい。今西さんの直感的な考えは、ダーウィニズムからは批判されるけれども「ダーウィニズムは役に立つが、今西理論は役に立たない」とは言えない。学問は、結局は人間の思考の多様性について研究・発表し、皆に理解してもらうために努力することでしょう。単なるイデオロギーの多様性ではありません。山極先生が先ほどいわれた情緒も学問の対象になると思います。

山極 そうですね。今西さんの評判が悪かったのは、彼が言うところの「今西自然学」が自然科学に合わなくなったからです。もとをただせば、自然科学というのは自然を計測することから始まっている。人間が言葉を編み出した時、そういう発想が出てきたわけです。言葉というのは自然という複雑なものを単純化・分類し、名前を与えて頭の中で整理するための道具です。それに計測が加わり、合意形成がなされる。自然科学はずっとそれに則ってきたわけですが、その一方で自然の中にある計測できないものが置き去られてしまった。その中には情緒も含まれます。今西さんはそれを重視し、捉えようとしたわけですが、自然科学のメジャーに合わないので掬《すく》えなかった。今西さんはそれで「じゃあ俺は学問の世界から足を洗う」と言い、分析的・還元的な自然科学の世界から去った。それが自然科学者たちに顧みられなかったのは、当たり前のことなんですけど。

尾本 情緒にしても、脳科学でどこまでメカニズムを解明できるか。いろいろな研究法があるでしょう。情緒に関しては、やはり脳・心理の問題が大きいと思います。そのほかにも個人関係・家庭・社会など、いろいろな要素が関係してきますよね。とにかく、情緒というのは大きなテーマだと思います。

山極 それはまさに自然人類学・文化人類学の両方について言えることです。先生がおっしゃるように、ぼくも自然人類学と文化人類学が袂を分かってしまったことはとても大きな損失だと思っています。自然人類学と文化人類学はいずれも人間について考える学問なんですが、その態度が異なる。自然人類学では人類という種を扱いますから「遺伝的多様性があるにせよ、人類はひとつの共通した特徴を持っている」という観点から出発する。その起源を追求していけば、範囲がどんどん狭められていきます。

一方で文化人類学は文化の多様性を問題にしますから、「人間は多様だ」という観点から出発する。この二つを合わせなければ、人間というものをイメージできない。文化だけ、あるいは身体だけでは人間を論じることはできない。今、そういう視点が欠落しているのは残念なことです。

尾本 物理学のような学問ではあまり多様性を重要視しないが、人類学の場合は、身体・遺伝子・文化のすべてで多様性が問題になる。個人を研究するわけではなく、遺伝子診断や家系分析とは関係が少ない。遺伝子や表現型の変異の分布からヒトの集団の歴史を知ろうとするわけで、結局は多様性を問題にしている。人類学はヒトの多様性の学であると言ってもいい。

†日本人類学会と文化人類学会

山極　すでに尾本先生が何度もおっしゃるように、人類学をバラバラにしてはまずいわけですよ。私も最近、いろいろな文化人類学者と対談してるんですが、お互いに刺激し合って人間というものを総合的に考えることは必要です。実は総合人間学会というのがあるんですけど、これも総合的な人間の学であって、人類学とはちょっと違うんですが。

尾本　一九八七（昭和六二）年、京都に創設された日文研（国際日本文化研究センター）は、異端の哲学者である梅原猛《たけし》先生が気に入った研究者が集められた。「梅原の一本釣り」と言われますが、「代々木」（日本共産党）以外の人ならだれでも歓迎するとおっしゃった（笑）。特定の政党に属し一つのイデオロギーを主張するような人は研究者としては認めない。それは政治運動ですから。

梅原先生は、日本文化の研究には日本人（日本列島のヒト）を研究する自然人類学者も必要と考えて埴原和郎先生や私を採用された。私は、日文研で「DNA考古学」という学際分野を提唱し、文科省の配慮でＤＮＡ実験室もできたが、山折哲雄先生から「ＤＮＡは怖い」と言われました（笑）。

困ったことに、今、文化・社会科学と自然科学が乖離してしまっているのですが、人類学には両者を結びつける役割がある。むろん、人類学者にやる気があれば、ですが。

山極　霊長類学者もだんだん人類学会に行かなくなってしまった。

尾本　悪いけれど、私は今の日本人類学会には大いに不満がある。会長は東大中心の年功序列で、仲間内で決まっていて充分なリーダーシップが発揮されていない。新会長の篠田謙一さんには大いに期待したいです。彼は、東大ではなく京大人類学の出身ですが、日本の分子人類学をリードする一人ですね。京大人類学出身の分子人類学者には故宝来聰《ほうらいさとし》さんもおられましたよね。

日本人類学会は、会員数が六〇〇人程度では少なすぎます。日本学術会議で「会員が一〇〇〇人はいないと、学会として認められない」と言われて、困ったことがありました。会長が走り回って、良い仕事をしている人類学者を引っ張ってこなければいけない。たとえば、青木健一さんや長谷川眞理子さんが入っておられないのは、おかしいですよね。

霊長類学会は何人ぐらいですか？

山極　今はだいぶ減って、六〇〇人ぐらいです。

尾本　そうか、一緒か（笑）。今、ふと思いついたのですが、人類学会と霊長類学会が合体できませんかね。山極さんが会長で。そうすれば一二〇〇人になって、発言権が増す。

山極　動物学会や文化人類学会は大きいですよね。会員が二〇〇〇人ぐらいいる。

尾本　あれはどういうことですかね。文化人類学会は、日本の経済と同じでアメリカの影響を受けて成長し、今では自然人類学とは違いたいていの大学に講座がある。

山極　アメリカではトリプルエー（American Anthropological Association アメリカ人類学会）とAmerican Association of Physical Anthropologist（アメリカ自然人類学会）に分かれて、文化人類学者は前者に多いですが、自然人類学が中心の後者にもけっこう文化人類学者が入っています。

尾本　そうですか。それならいいのですが。私はもっと、文化人類学者が日本人類学会に入ってくださるとよいと思っていますが、そのような方は川田順造さんなどごく少数でしょう。文化人類学の人たちはどうも、フィジカル（physical anthropology 自然人類学）にアレルギーがあるらしい。

†アイヌの人類学研究の重要性

尾本　私は、日本人とくにアイヌ人の研究に遺伝学の方法を導入しました。一九六〇年代後半のことです。それまでは「アイヌ白人説」が優勢で、白人の一族が中国人に追われて北海道に逃げ込んだというストーリーが信じられていた。なぜかというと、アイヌは顔の彫りが深くて髭が濃い。私は、外観的特徴はあてにならないと考えたので、アイヌ人の起源を遺伝子で明らかにしようと考えました。私は、たぶん世界で初めてアイヌ白人説を否定する分子人類学研究を国際会議で発表したのですが（一九七二年）、今では忘れられてしまっている。

自分としては、重要な仕事をしたと思っています。私は学位論文に「協力してくださったアイヌの被験者の方々に」と献呈の辞を書きました。海外の研究者は、著書や論文をたいてい奥さんや友人に献呈しますが、私はアイヌの人たちに献呈した。その頃から、先住民族の被検者への感謝の気持ちが強くあったのですが、還暦を越えた今ごろになって、ようやく自分の学問の発展として、「先住民族の人権」を考えるようになりました。

私の研究を、批判する人もいます。ある文化人類学者は、人骨を集めて研究するのもけしからんのに、血液を採って遺伝子の研究をするとは何事か。人種差別ではないか、と。それに対して私は「アイヌ文化は、文化人類学者が研究すればいい。私はあくまで、自然科学の方法でアイヌ人の歴史を明らかにし、この人々こそ日本列島の先住民の子孫であることを証明できた」と反論しました。

人類学に関係する最も古い国際団体は、一九四八年に設立された国際人類民族科学連合（IUAES／International Union of Anthropological and Ethnological Sciences）です。現在の事務総長は大阪大学の小泉潤二名誉教授、中根千枝《ちえ》先生と私が日本人の名誉会員になっています。この組織は、古典的なヨーロッパ流の考え方、つまり人類学と民族学の学際的人脈を作ることに貢献しました。レヴィ＝ストロースなど錚々たる顔ぶれが参加していたのですが、今ではあまり流行らない。アメリカ流の文化人類学が主流になっています。しかし、自然人類学と文化人類学の両方が入っている学術組織には、今では希少価値があります。私が現役だった一九七〇〜八〇年代には、この連合に対応して、日本学術会議にも人類学研連（研究連絡委員会）と文化人類学研連の間で連合部会がありましたね。今ではどうなっているのか。あまり話を聞きませんが。

第二章で少し触れましたが、我々は東大で「霊長類学は人類学なのか」という議論をしたことがあります。その時「霊長類学は動物学だろう」という人と「いや、あれは人類学だ」という人に分かれた。テナガザルから始まってゴリラ、チンパンジー、オランウータンに至るエイプ（ape 類人猿）は人間に極めて近いので人類学として研究する価値があるが、普通のサルやマダガスカルの原猿の研究は、動物学ではないのか。偏見かもしれないが、そういう意見が出た。エイプとモンキーはまったく別のグループに属し、大きな違いがある。一般の人はただサルと一括りにして片づけるけど、本当はそうではない。

山極　日本語で言うと、みんなサルになっちゃいますからね。でも、エイプの由来を知るためにはサルを知らなければならない。サルを知るためには哺乳類を知らねば、というように対象はどんどん広がっていくのが学問なんです。霊長類学は便宜的にそれ以外の哺乳類との間に一線を引いているけれど、おっしゃるように動物学であり人類学であるという「間の学問」であればいいんです。日本の学問的伝統でもっとも重要なのは「間」の思想で、西田哲学もそこから出発していますからね。科学は境界を設けて区別することを発想の原点としています。その境界を見えないもの、無として、でも働きあるものとして捉えるのが西田哲学です。今西さんの自然学もその影響を強く受けている。「棲み分け」という発想も、種と種の境界を意識したのではなく、相互の働きを意識して練り上げた考えです。人間、文化、文明の由来を考えるときに、科学の境界ではなく、その間を考えるべきだと思いますね。

†動物の社会・文化研究

山極　今、霊長類学の中でも動物学会・動物行動学会・哺乳類学会と親近感を持つ人が増えていますが、これにはエドワード・オズボーン・ウィルソンたちが始めた社会生物学が影響していると思うんです。この学問の進展により、社会・文化という言葉は人間に限らないということが一般的になった。だから今はカラスの社会、魚の社会なんて言うわけでしょう。社会について、動物と人間の接点で一生懸命考え続けていた人がむしろシフトして、動物の社会や昆虫の社会について考えるようになった。それは文化についても、同じことが言えます。このように動物だけに限定して社会・文化の話ができるようになったため、あえて人間との接点を考える必要がなくなった。

おっしゃるように、動物と人間との接点を考え続けているのはチンパンジーやゴリラ、オランウータンなどといった類人猿の研究者です。これは日本に限らず、アメリカやイギリスでもそうです。特に心理学の実験は大きく違っていて。類人猿の研究者にはチンパンジーを研究対象としている人が多いわけですが、彼らはたいてい道具使用や認知の研究をしていて医学実験には使わない。ですから実験動物としてサルを使うのとは、基本的に立場が違うんですね。だからそこでも二分化が起こっているわけです。

尾本　エイプとモンキーを区別するという私の考えはおかしいですか？

山極　ヒト科の中にはオランウータン、ゴリラ、チンパンジーがすべて入りますから、ゴリラとサルの違いは、ヒトとサルの違いと同じです。つまり、エイプとモンキーの違いのほうが、エイプとヒトの違いよりも大きいので、その分類は正しいと思います。

尾本　テナガザルも入るんでしょうか。

山極　いや、テナガザルはヒト科に入りません。これはテナガザル科という独立した科にしています。ですからサルの仲間にも入れません。

尾本　そうですよね。やはりテナガザルのように、しっぽのないサルというのは特殊ですから。動物学で動物の社会・文化について研究するのはいいんだけど、人類学でヒトと関連付けて研究する場合は類人猿を研究対象にすると。

山極　心理学もそうですけど、進化の中でヒトと関連付けて研究をする場合は類人猿に特化してますね。

尾本　そうでしょう。たとえば島（岩野）泰三君がやっているマダガスカルのアイアイの研究は、あれも人類学になるのかな。やはり動物学でしょう。たしかにアイアイという動物はそれ自体変わっていて面白いけれども、類人猿のように人類を説明する鍵にはなりえない。いまだにその考えは変わりませんね。

山極　まあ、島さんはヒトにも興味がありますからね。そういう本もずいぶん書いてますし。おそらく、人間と動物をもっと全体的に見ようとしているのだと思います。

†総合的な人類学を現代に蘇らせる

山極　ぼくは『サピエンス全史』やクリストファー・ボームの『モラルの起源——道徳、良心、利他行動はどのように進化したのか』（二〇一四年）を読んでいて、人類学に関する本が話題になることに嬉しさを感じつつも、次のような危惧も感じるんです。人間の遺伝子には悪を行うサイコパス（psychopath 精神病質者）のようなもの、つまり人間的ではない何かが含まれている。キリスト教で言うとそれは悪魔で、排除することはできないけれども、偉大なる政治力で抑えることはできる。これはホッブズの『リヴァイアサン』以来、ずっと続いている彼ら西洋人の信念です。アメリカはその象徴ですね。

世界に平和をもたらそうとすればいくつかの弊害が生じ、それを取り除くためには力を行使するしかない。力を行使して抑え込まなければ、暴力行為や罪を犯すサイコパスがにょきにょき出てくる。あるいは北朝鮮のような悪を犯す国も出てくる。アメリカ的・キリスト教的な倫理観によって力で制圧していかないと、平和をもたらすことができない。これは、日本がずっと依拠してきたアニミズムや仏教にはない発想です。そういう信念を持つ国が世界を制しているということに対して、我々は何か言うべきではないか。ぼくにはそういう気持ちがあります。

尾本　私もそう思っています。

山極　ぼくはクリストファー・ボームの本にも書評を書いて、それについて反論したんだけど。たとえば「ゴリラは暴力的である」と決めつけたのも西洋人で、アフリカ人は誰もそう思っていなかった。アフリカの土人は凶悪であり、こんな粗暴な人間を放置しておいてはいけない。彼らを文明の光に当て、教育しなければならない。彼らはそう主張してアフリカを植民地支配したわけですが、これは間違いだった。そのことに気づいた文化人類学者は狩猟採集民の研究に取り組み、狩猟採集民というのは暴力的ではなく平和で、素晴らしい文化を持っているということを明らかにしましたが、一般の人たち、とりわけ政治家はそれを認めていない。それが大きな問題なんですよね。彼らはいまだに、西洋文明が世界の頂点にいると信じ込んでいる。

人類学者はもっと、尾本先生のように現代のことに対して口を出さなきゃいけないと思います。

尾本　そう言ってくださりありがたいです。アウストラロピテクスとかネアンデルタール人で終わっていてはいけない。

山極　「人類学者は古い時代のことを研究する」「文化人類学者は未開民族について研究する」というレッテルを貼られていますが、本当はそうじゃないと思うんです。やはり人類学を現代に蘇らせなければいけない。

尾本　その通りだと思います。完全に意見が一致しましたから、これが結論になりますね。

あとがき

尾本恵市

自分の顔は鏡に映して初めてわかるように、人間という存在を正しく知るためには、何らかの比較対象による「相対化」が必要となる。周知のように、山極寿一さんはゴリラの研究を通して人間の素性を明らかにしようとした。彼の『暴力はどこからきたか』（二〇〇七年）、『「サル化」する人間社会』（二〇一四年）、『父という余分なもの』（二〇一五年）等のすぐれた啓蒙書によって、霊長類学という学問の面白さだけでなく、「人類とは何か」という人類学の根本問題への新たな角度からの探求について学ぶことができる。

ずいぶん前のことだが、彼の講演会でゴリラには「子ども期」がないと聞き衝撃を覚えた。人間では、およそ三歳から七歳の子ども期が言語の発達や咀嚼器官の完成という点で個体発生上極めて重要な期間である。こんなところにヒトとゴリラを分かつ重大な要因が隠されていると気づき、以後ヒトの特異性の原点が成長・発育パターンの進化にあると考えるようになった。

また、日本人類学会で彼が主催した霊長類の成長に関するセッションに参加したとき、なぜヒトには老人がいるのかが問題になった。とくに女性は生殖年齢をはるかに過ぎても社会的に重要な存在である。この説明として有力なのが「おばあさん仮説」で、彼女たちは娘の出産を助けることで集団の包括適応度を上げるため進化上の存在理由があったという。そこで私は、ヒトの進化が女性だけで成し遂げられるはずはないと、「おじいさん仮説」を主張した。彼らは狩猟やテリトリーに関する長年の経験情報の蓄積によって集団の存続のために欠かせない存在だったろう。そんなこともあり、以前から私は山極さんの研究方法に共感を覚え、機会があればじっくり話し合いたいと思っていた。

二〇一四年一〇月一日、山極教授は京都大学総長に就任され大きな話題となった。彼の業績や人格が評価されたのは当然としても、人類学者を総長に任命するとは驚くべきことで、東大ではまずありえない。翌二〇一五年四月、私は表敬訪問のため京大を訪れた。総長室で彼を待つ間、壁に貼られたゴリラの大きな写真や、木下廣次京大初代学長の「自重自敬」という額（本書一八頁）を眺めながら、日本の人類学を立ち上げてきた京大と東大という二つの大学における人類学研究の歴史や内容・役割の違いに思いをはせた。そして、この点について山極さんとの対談を思いついたのである。その希望が実現して本書が生まれたが、超多忙の彼が協力を惜しまれなかったことに深く感謝している。

山極さんは行動学的にゴリラから人間を観る研究をされてきた。京大では、今西錦司先生を開祖とする霊長類学の究極の目標が人類の理解にあった。したがって、山極さんの仕事はもっとも京大らしいものといってよい。一方、私は遺伝学にもとづく人類学を専門としてきたが、現在はヒト（ホモ・サピエンス）の中でいわゆる文明人を狩猟採集民によって相対化しようと試みている。ゴリラが狩猟採集民に代わっただけで、山極さんの方法論と似ているが、自然科学としての人類学が文明を扱うのは今まであまり例のないアプローチだったろう（尾本、二〇一六）。

私が育てられた東大理学部の人類学教室では、一九三八（昭和一三）年に教授に任命された長谷部言人先生の自然人類学が形態学、生態学、生理学、先史学等の手法による多彩な分野を産んでいた。しかし、先生の個人的な思い込みのために一九五〇年代まで遺伝学だけは除外されていた。この不合理を正すべく、一九六〇年代に私を含め数名の若手が勝手に始めたタンパク質の遺伝的多型の研究が、その後時流をとらえて発展し現在の分子人類学というポピュラーな研究分野に育ったのである。

京大の人類学の学風が霊長類学を土台にフィールドワークを中心とするのに対し、東大の人類学の主張はゲノム科学を含む分子人類学やそれと関連する数理人類学、さらに生物学と先史学との合体にあると言えよう。

今一つ、東大では長谷部先生の個性が関係する大きな出来事があった。それは、やや遅れて一九五四（昭和二九）年に石田英一郎先生によって教室が設立された文化人類学を、長谷部先生が頑として認めなかったことである。その結果、周知の通り「二つの人類学」がほぼ独立して存在することになった。このことが、本来学際・総合的かつ「人類のための科学」であるべき人類学の潜在的能力を半減させ、社会的評価も将来の目標も定まらない不幸な現状を生んだ。今回の対談で、山極さんと私は一致してこの点を認め、改善への方策検討の必要性を共有した。

日本の人類学の創始者は坪井正五郎で、一八九三（明治二六）年に東大理学部の前身である理科大学に人類学講座を立ち上げた。よく、日本の人類学がエドワード・S・モースやエルヴィン・フォン・ベルツ、さらにフィリップ・フランツ・フォン・ジーボルトといった西欧の学者によって開花したと言われるが、賛成できない。坪井は、江戸時代の日本人に素地があった博物学から出発した純日本発の人類学を創設した。文・理を問わず極めて多様な分野に好奇心を示した点で、南方熊楠《みなかたくまぐす》に似ていた。彼が理学部出身であったことは、日本の自然人類学の歴史上指導的役割を果たした小金井良精《よしきよ》、長谷部言人、足立文太郎、鈴木尚、清野《きよの》謙次、金関丈夫《かなせきたけお》などの全員が医学部解剖学教室の出身であったことと著しい対比を示し、学史上でも興味深い。

博物学は枚挙の精神に基づき、自然の多様性を研究対象とする。坪井の人類学も、生物から先史考古、民族、風俗伝承、地理など人間に関するあらゆる事物を扱った。ある意味で彼は「浅く広く」が流儀で、「狭く深く」という物理学的思考とは反対の極にいた。今回の対談で気づいたのは、京大の今西錦司、伊谷純一郎、梅棹忠雄、柴谷篤弘等の人類学や周辺科学を築いた方々はみな、博物学の出身者だったことである。しかも、これに山岳部・探検部が関係してくる。こうして京大の人類学がフィールドワークを中心として発展したことがよく理解できる。

一方、東大の場合、坪井の弟子の鳥居龍蔵《とりいりゅうぞう》はまさに探検家と言ってよい。彼は日本文化の源流を求めて千島列島やシベリアから中国西部の危険な未開放地帯にまで足を延ばし、先住民族の貴重な記録や写真を残している（中薗、二〇〇五）。長谷部の弟子ではこのような人物は少なく、渡辺仁のみがフィールドワークを主体とする生態人類学を始めた。私自身は、昆虫少年から出発してアジア各地の狩猟採集民のフィールドワークも行い、鳥居龍蔵にあこがれる一面があった点で単なる実験室に閉じこもる分子人類学者ではなかった。

対談の中で私は、ふと鹿野忠雄という東大の地理学者のことを思い出し、人類学者ではないのに長々と述べた（本書二五六頁）。彼は波瀾万丈の一生を遂げ、最後に一九四五（昭和二〇）年の大戦終結時にボルネオのジャングルに消えた。フィールドワーカーとしての人類学者を彷彿とさせるだけでなく、実は私自身の生き方、つまり虐げられた先住民族に対する共感にも共通する点があると感ずる。鳥居のような探検家で台湾高山族の民族誌を研究した鹿野は人類学者にもよく知られていた。面白いエピソードがある。東大の人類学科主任だった長谷部は、鹿野を称賛していた。ところが、地理学科主任教授の辻村太郎は、院生の鹿野を、人類学や動植物に気を散らしてはならないと叱ったと言われる（鹿野、二〇〇二）。

この対談でおかしかったのは、東大でも京大でも、先生にはお酒好きの方が多く、学生の我々と分け隔てなく飲み、かつ本音で議論したことである。なかでも東大の渡辺直経先生にはお世話になった。酒席で彼から学んだ人類学像は今でも我々の中に生き続けている。

最後になったが、対談ではまことに率直に思う所を述べ合ったため、個人に関するやや不適切な表現もあったかもしれない。不快に感じられる方がおられたとしたら、ここにお詫びをしたいと思う。

二〇一七年九月一〇日

参考文献

阿川弘之『春の城』新潮文庫（一九五二）
リヒャルト・フォン・ヴァイツゼッカー（永井清彦訳）『新版　荒れ野の40年――ヴァイツゼッカー大統領ドイツ終戦40周年記念演説』岩波ブックレット（二〇〇九）
NPO法人アジア太平洋資料センター・PARC『スマホの真実』（DVD、二〇一六）
尾本恵市『分子人類学と日本人の起源』裳華房（一九九六）
尾本恵市（編）『人類の自己家畜化と現代』人文書院（二〇〇二）
尾本恵市『ヒトはいかにして生まれたか――遺伝と進化の人類学』講談社学術文庫（二〇一五）
尾本恵市『ヒトと文明――狩猟採集民から現代を見る』ちくま新書（二〇一六）
レイチェル・カーソン（青樹簗一訳）『沈黙の春』新潮文庫（一九七四）
海部陽介『人類がたどってきた道――〝文化の多様化〟の起源を探る』NHKブックス（二〇〇五）
海部陽介『日本人はどこから来たのか？』文藝春秋（二〇一六）
鹿野忠雄『山と雲と蕃人と――台湾高山紀行』文遊社（二〇〇二）
川勝平太『「美の文明」をつくる――「力の文明」を超えて』ちくま新書（二〇〇二）
川田順造（編）『ヒトの全体像を求めて――21世紀ヒト学の課題』藤原書店（二〇〇六）
川村伸秀『坪井正五郎――日本で最初の人類学者』弘文堂（二〇一三）
スティーヴン・ジェイ・グールド（仁木帝都訳）『個体発生と系統発生――進化の観念史と発生学の最前

線』工作舎（一九八七）
アル・ゴア（枝廣淳子訳）『不都合な真実』ランダムハウス講談社（二〇〇七）
エルンスト・フリードリヒ・シューマッハー（小島慶三・酒井慧訳）『スモール イズ ビューティフル』講談社学術文庫（一九八六）
スティーヴン・M・スタンレー（養老孟司訳）『進化──連続か断続か』岩波同時代ライブラリー（一九九二）
ジャレド・ダイアモンド（長谷川真理子・長谷川寿一訳）『人間はどこまでチンパンジーか？──人類進化の栄光と翳り』新曜社（一九九三）
谷口正次『教養としての資源問題──今、日本人が直視すべき現実』東洋経済新報社（二〇一一）
坪井正五郎（山口昌男監修）『うしのよだれ（知の自由人叢書）』国書刊行会（二〇〇五）
ジェレミー・テイラー（鈴木光太郎訳）『われらはチンパンジーにあらず──ヒト遺伝子の探求』新曜社（二〇一三）
寺田和夫『日本の人類学』思索社（一九七五）
東京人類学会『人類学雑誌』28巻11号「追悼号」（復刻版）第一書房（一九八二─八六）
中薗英助『鳥居龍蔵伝──アジアを走破した人類学者』岩波現代文庫（二〇〇五）
西田正規『人類史の中の定住革命』講談社学術文庫（二〇〇七）
長谷部言人（近藤四郎解説）『日本人の祖先』築地書館（一九八三）
ユヴァル・ノア・ハラリ（柴田裕之訳）『サピエンス全史──文明の構造と人類の幸福（全二巻）』河出書房新社（二〇一六）
福岡伸一『動的平衡──生命はなぜそこに宿るのか』木楽舎（二〇〇九）

福岡伸一『動的平衡2――生命は自由になれるのか』木楽舎（二〇一一）
古市剛史『あなたはボノボ、それともチンパンジー？――類人猿に学ぶ融和の処方箋』朝日選書（二〇一三）
ヒュー・ブロディ（池央耿訳）『エデンの彼方』草思社（二〇〇三）
ヨハン・ホイジンガ（高橋英夫訳）『ホモ・ルーデンス』中公文庫（一九七三）
クリストファー・ボーム（斉藤隆央訳）『モラルの起源――道徳、良心、利他行動はどのように進化したのか』白揚社（二〇一四）
ランバート・ベヴァリー・ホールステッド（中山照子訳）『「今西進化論」批判の旅』築地書館（一九八八）
町田宗鳳『人類は「宗教」に勝てるか――一神教文明の終焉』NHKブックス（二〇〇七）
スティーヴン・ミズン（熊谷淳子訳）『歌うネアンデルタール――音楽と言語から見るヒトの進化』早川書房（二〇〇六）
ドネラ・メドウズ他（大来佐武郎訳）『成長の限界――ローマ・クラブ「人類の危機」レポート』ダイヤモンド社（一九七二）
ジャック・モノー（渡辺格・村上光彦訳）『偶然と必然――現代生物学の思想的な問いかけ』みすず書房（一九七二）
アシュレイ・モンターギュ（尾本恵市・越智典子訳）『ネオテニー――新しい人間進化論』どうぶつ社（一九八六）
安田喜憲『一神教の闇――アニミズムの復権』ちくま新書（二〇〇六）
山極寿一『暴力はどこからきたか――人間性の起源を探る』NHKブックス（二〇〇七）

山極寿一『野生のゴリラと再会する——二十六年前のわたしを覚えていたタイタスの物語』くもん出版（二〇一二）
山極寿一『「サル化」する人間社会』集英社インターナショナル（二〇一四）
山極寿一『父という余分なもの——サルに探る文明の起源』新潮文庫（二〇一五）
吉川弘之・原ひろ子他『男女共同参画社会——キーワードはジェンダー（学術会議叢書3）』、日本学術協力財団（二〇〇一）
ジャン＝ジャック・ルソー（本田喜代治・平岡昇訳）『人間不平等起原論』岩波文庫（一九五七）
コンラート・ローレンツ（日高敏隆・大羽更明訳）『文明化した人間の八つの大罪』思索社（一九七三）
渡辺仁『縄文式階層化社会』六一書房（二〇〇〇）
Barry Bogin, *Patterns of Human Growth*, Cambridge University Press (1999)
Timothy A. Jinam et al, *Discerning the origins of the Negritos, first Sundaland people: deep divergence and archaic admixture*, Genome Biol. Evol. 9 (8): 2013-2022 (2017)
Lawrence H. Keeley, *War Before Civilization*, Oxford University Press (1996)
R. V. Short, *The Evolution of Human Reproduction*, Royal Society (1976)
Edward Burnett Tylor, *Primitive Culture: Researches into the Development of Mythology, Philosophy, Religion, Art, and Custom*, John Murray (1871)

ちくま新書
1291

日本《にほん》の人類学《じんるいがく》

二〇一七年一一月一〇日　第一刷発行

著者　山極寿一（やまぎわ・じゅいち）
　　　尾本恵市（おもと・けいいち）

発行者　山野浩一
発行所　株式会社筑摩書房
東京都台東区蔵前二-五-三　郵便番号一一一-八七五五
振替〇〇一六〇-八-四一二三
装幀者　間村俊一
印刷・製本　株式会社精興社

乱丁・落丁本の場合は、左記宛にご送付ください。
送料小社負担でお取り替えいたします。
ご注文・お問い合わせも左記へお願いいたします。
〒三三一-八五〇七　さいたま市北区櫛引町二-六〇四
筑摩書房サービスセンター　電話〇四八-六五一-〇〇五三

ISBN978-4-480-07100-2 C0245

ちくま新書

1227 ヒトと文明 ——狩猟採集民から現代を見る 尾本恵市

人類はいかに進化を遂げ、文明を築き上げてきたか。遺伝人類学の大家が、人類の歩みや日本人の起源を多角的に検証。狩猟採集民の視点から現代の問題を照射する。

525 DNAから見た日本人 斎藤成也

急速に発展する分子人類学研究が描く、不思議で意外なDNAの遺伝子系図。東アジアのふきだまりに位置する〝日本列島人〟の歴史を、過去から未来まで展望する。

879 ヒトの進化 七〇〇万年史 河合信和

画期的な化石の発見が相次ぎ、人類史はいま大幅な書き換えを迫られている。つい一万数千年前まで生きていた謎の小型人類など、最新の発掘成果と学説を解説する。

942 人間とはどういう生物か ——心・脳・意識のふしぎを解く 石川幹人

人間とは何だろうか。古くから問われてきたこの問いに、認知科学、情報科学、生命論、進化論、量子力学などを横断しながらアプローチを試みる知的冒険の書。

1018 ヒトの心はどう進化したのか ——狩猟採集生活が生んだもの 鈴木光太郎

ヒトはいかにしてヒトになったのか？ 道具・言語の使用、文化・社会の形成のきっかけは狩猟採集時代にあった。人間の本質を知るための進化をめぐる冒険の書。

1126 骨が語る日本人の歴史 片山一道

縄文人は南方起源ではなく、じつは「弥生人顔」も存在しなかった。骨考古学の最新成果に基づき、歴史学の通説を科学的に検証。日本人の真実の姿を明らかにする。

1169 アイヌと縄文 ——もうひとつの日本の歴史 瀬川拓郎

北海道で縄文の習俗を守り通したアイヌ。その文化から日本列島人の原郷の思想を明らかにし、日本人にとって、ありえたかもしれないもうひとつの歴史を再構成する。